Der Ladekranführer

Was Geräteführer wissen müssen

von

Bernd Zimmermann, Rechtsanwalt
Inhaber und juristischer Leiter des Institutes für Arbeitssicherheit und Gesundheitsschutz – IAG Mainz

Timo Zimmermann, M. Sc. Maschinenbau
Technischer Leiter IAG Mainz

mit 156 Bildern und Zeichnungen sowie
15 Übungsfragen zur Prüfungsvorbereitung

RESCH

Impressum:

2. Auflage 2023

Maria-Eich-Straße 77, D-82166 Gräfelfing

Umschlagzeichnung: Eckert-Design, München
Bildnachweis: s. Seite 92
Druck und Bindung: Max Siemen KG, D-22143 Hamburg
Printed in Germany
ISBN 978-3-96158-005-7

Liebe Leserinnen, liebe Leser,

eine Vielzahl an LKWs mit Ladefläche sind mit eigenen Möglichkeiten zur Be- und Entladung versehen, den sogenannten Ladekranen. Ihr Einsatz birgt nicht zu unterschätzende Gefahren. Das fängt mit der Fahrzeugaufstellung an, geht über die Bodenverhältnisse, das Anschlagen von Lasten, die Kranbedienung bis zum Abrüsten vor Fahrtantritt.

Diese Risiken lassen sich nur durch ausgebildetes Personal beherrschen.

Wer denkt, dass der Führerschein für das Trägerfahrzeug ausreicht, um den Ladekran zu bedienen, der liegt falsch. Leider passieren durch diesen Irrtum jedes Jahr zahlreiche Unfälle.

Nur durch ausreichende Schulung in Theorie und Praxis, verbunden mit abschließenden Prüfungen und Erteilung eines Befähigungsnachweises / Fahrausweises lässt sich sicher und verantwortungsbewusst mit dem Ladekran arbeiten.

> **Denken Sie daran:**
> *Nur ein geschulter Ladekranführer ist ein sicherer Ladekranführer.*
> *(Die Autoren)*

Zudem ist eine entsprechende Schulung rechtlich gefordert – sei es im ArbSchG, der BetrSichV, der DGUV Vorschrift 1 „Grundsätze der Prävention" als auch in der DGUV Vorschrift 52 „Krane".

Jeder Verantwortliche – ob Unternehmer oder Ladekranführer – muss sich bewusst sein, dass er bei Unkenntnis oder fahrlässigem Verhalten in der Haftung steht.

Lassen Sie es nicht dazu kommen!

Diese Broschüre soll sowohl dem Vorgesetzten, aber insbesondere dem Ladekranführer ein hilfreiches Begleit- bzw. Nachschlagewerk sein und das jederzeit sichere Arbeiten gewährleisten.

Aus Gründen der besseren Lesbarkeit wird in der Broschüre die männliche Sprachform (z. B. Ladekranführer) verwendet. Alle personengebundenen Bezeichnungen gelten gleichwohl für jedes Geschlecht.

- Die Autoren -

Inhaltsverzeichnis

Bauarten

Krane im Allgemeinen sind Hebezeuge, die Lasten mit einem Tragmittel – z. B. einem Stahldrahtseil – heben und zusätzlich mindestens in eine Richtung bewegen können.

Lkw-Ladekrane

sind Fahrzeugkrane, die vorwiegend zum Be- und Entladen der Ladefläche des Trägerfahrzeuges dienen und deren Lastmoment 30 mt und Auslegerlänge 15 m nicht überschreitet.

Darüber hinaus sind sie wie Autokrane zu behandeln.

> **Metertonne [mt]** = Einheit für das Lastmoment (Tragfähigkeit in Bezug zur Ausladung)
>
> 10 mt heben z. B. eine Last von 10 t bei 1 m Ausladung oder 1 t bei 10 m Ausladung.

> **Hinweis:**
> Mehr zum Einsatz anderer Kranbauarten wie z. B. Hallenkrane, Fahrzeug- oder Turmdrehkrane finden Sie in der Broschüre „Der Kranführer" des Resch-Verlags.

Lkw-Anbaukrane

sind Lkw-Ladekrane, die mit Einrichtungen versehen sind, mit denen sie an Lkws an- und abgebaut werden können.

Abschleppkrane

sind besondere Lkw-Ladekrane zum Heben, Aufnehmen und Transportieren von Fahrzeugen. Sie verfügen oft über eine Bergewinde und Ladeflächen, die neig- und verschiebbar sind.

Lkw-Ladekran *Lkw-Anbaukran*

Lkw-Langholzladekran

Lkw-Langholzladekrane

sind eine Sonderbauart von Lkw-Ladekranen, die zum Heben von Baumstämmen bestimmt sind, die aufgrund ihrer Länge nicht im Stammschwerpunkt gehoben werden können. Sie sind deshalb so konstruiert, dass sie neben dem Heben der Stämme diese auch noch ziehen (Schrägzug), drücken oder hebeln können, was bei den „normalen" Lkw-Ladekranen bestimmungswidrig wäre (→ Seite 13).

Herstellervorgaben

Alle Krane – auch Lkw-Ladekrane – müssen nach der **Maschinenrichtlinie** gebaut werden. Zusätzlich gibt es nationale oder internationale Vorgaben, nach denen die Hersteller bauen, die sog. **Normen** (DIN, EN oder ISO Normen).

Dass die Hersteller vorschriftsmäßig gebaut haben, müssen sie durch eine sog. **Konformitätserklärung** schriftlich dokumentieren. Diese Erklärung muss jeder Kran besitzen – entweder in der Betriebsanleitung oder als Extraschriftstück.

Abschleppkran

Daneben muss der Kran eine **CE-Kennzeichnung** haben – regelmäßig auf dem Typenschild zu sehen. Auch damit zeigt der Hersteller, den Kran gemäß den geforderten Vorgaben gebaut zu haben.

An jedem Kran und auch jedem Lastaufnahmemittel, müssen sich mindestens folgende Angaben befinden:

- Firmenname und Anschrift des Herstellers
- Bezeichnung der Maschine
- Baureihen- oder Typbezeichnung
- ggf. Seriennummer
- Baujahr

Voraussetzungen zum Führen eines Kranes

Um einen Kran selbstständig führen zu dürfen, muss Folgendes erfüllt sein (DGUV V 52):

1. Mindestalter 18 Jahre.
2. Ausreichende körperliche, geistige und charakterliche Eignung.
3. Theoretische und praktische Ausbildung sowie regelmäßige Fahrpraxis.

> **Hinweis:**
> Im Rahmen der Berufsausbildung können bereits Personen ab 16 Jahren zum Kranführer ausgebildet und unter Anleitung sowie ständiger fachlicher Aufsicht durch eine erfahrene Person eingesetzt werden.

Alle Voraussetzungen können in einem praktischen **Fahrausweis** dokumentiert werden (→ Seite 12).

Eignung

Als Kranführer müssen Sie **körperlich, geistig** (Verstehen der technischen Zusammenhänge) und **charakterlich** (Verantwortungsbewusstsein) geeignet sein.

Bei der körperlichen Eignung kommt es u. a. darauf an, dass Sie gut **sehen, hören und reagieren** können. Auch die räumliche Wahrnehmung ist gefordert.

Bedenken Sie: Ist die Last angeschlagen, muss sie zentimetergenau verfah-

Schülerin bei der Fahreignungsuntersuchung – Sehtest

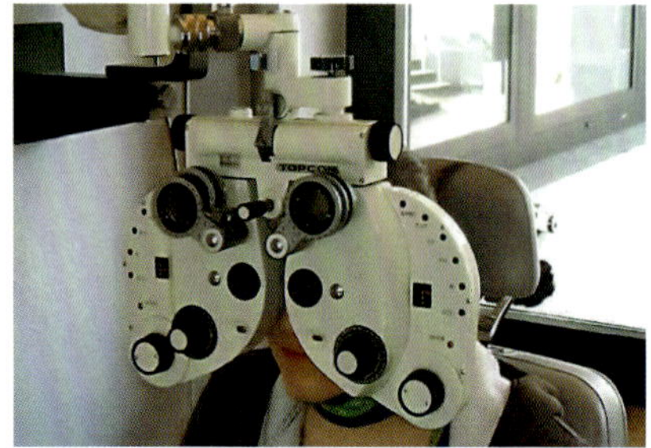

ren werden. Dabei sind die Lichtverhältnisse nicht immer optimal. Wenn etwas schiefgeht, tragen Sie die Hauptverantwortung (→ Seite 15).

> Wenn Sie **Körperhilfen** wie Herzschrittmacher, Endoprothesen (z. B. Gelenkersatz) tragen, können Sie durch elektromagnetische Felder gefährdet sein. Hier ist im Zweifel der Betriebs- oder Facharzt einzuschalten (→ Seite 76).
>
> Auch das Tragen von **Körperschmuck** (Piercings etc.) kann in diesen Bereichen gefährlich sein – also vor Arbeitsbeginn ablegen.

Bernd Zimmermann | Timo Zimmermann | Dr. med. Bastian Zimmermann

Eignungs- und Tauglichkeitsbeurteilung für Fahr- und Steuerpersonal

zum (innerbetrieblichen) Führen und Steuern von Fahrzeugen, Geräten, Maschinen und Anlagen

RESCH

Mit diesem Protokoll vom Resch-Verlag kann die Eignung schnell und rechtssicher durch den Unternehmer bestimmt werden.

Ausbildung

Wenn Sie die Eignungsvoraussetzungen erfüllen, kann die Ausbildung in **Theorie und Praxis** erfolgen. Nehmen Sie den theoretischen Teil nicht zu leicht. Es gehört schon einiges dazu, um zu wissen, wie ein Ladekran reagiert. Das hängt sehr stark von der Last, dem Transportweg, der Geschwindigkeit usw. ab. Nur wer diese Zusammenhänge versteht, hat die erforderliche Voraussetzung für das sichere Führen eines Kranes.

Nur ständiges Lernen schafft Arbeitssicherheit.

Die Ausbildung gliedert sich in drei Stufen:

1. Allgemeine Ausbildung
2. Betriebliche Ausbildung
3. Zusatzausbildung

Die Durchführung der Ausbildungsstufen sollte immer dokumentiert werden.

Am Anfang sollte die Grundausbildung stehen, auch **allgemeine Ausbildung** genannt. Sie besteht aus einem theoretischen Teil, in dem die rechtlichen und technischen Grundlagen vermittelt werden, die für den Umgang mit Kranen erforderlich sind, und einem praktischen Teil. In diesem geht es darum, den Kran sicher bedienen zu lernen.

Die Ausbildung ist mit einer theoretischen und praktischen **Prüfung** abzuschließen. Nach den bestandenen Prüfungen erhält der Ladekranführer einen Befähigungsnachweis, am besten in Form eines Fahrausweises (→ Seite 12).

An die allgemeine Ausbildung schließt die **betriebliche Ausbildung** an. In dieser geht es um den im Betrieb konkret eingesetzten Kran und die betrieblichen Gegebenheiten. Sie beinhaltet auch die Einweisung in die Geräte, die jedes Mal vor dem ersten Bedienen eines für Sie neuen Arbeitsmittels nötig ist.

Dabei sind insbesondere die **Betriebsanleitung** des Herstellers und die **Betriebsanweisung**(en) des Unternehmers wichtig (→ Seiten 12 ff.).

Die Arbeit mit einem solchen (kraftschlüssigen) Lastaufnahmemittel erfordert eine Zusatzausbildung.

Auf die allgemeine und die betriebliche Ausbildung kann jederzeit eine **Zusatzausbildung** folgen.

Diese ist erforderlich bei Sondereinsätzen, in speziellen Einsatzbereichen oder wenn spezielle Zusatzeinrichtungen oder sogar andere Kranbauarten eingesetzt werden.

Die im DGUV Grundsatz 309-003 enthaltenen Ausbildungs- / Unterweisungslängen sollten eingehalten werden. Für Ladekrane sind dies 1 bis 5 Tage, wobei mindestens 2 Tage zu empfehlen sind.

Fahrauftrag

Unter der Voraussetzung der Eignung und der erfolgreichen Ausbildung in Theorie und Praxis muss der Unternehmer oder dessen Beauftragter dem Ladekranführer noch einen **schriftlichen Fahrauftrag** erteilen, bevor er mit der Arbeit beginnen darf.

Der Fahrauftrag ist von demjenigen Unternehmer zu erteilen, in dessen Betrieb der Ladekran eingesetzt wird.

Sollten die Eignungs- und fachlichen Voraussetzungen nicht mehr gegeben sein, sollte der Unternehmer den Fahrauftrag widerrufen. Es sollte auch stets auf regelmäßige Fahrpraxis geachtet werden.

Jährliche Unterweisung

Fort- und Weiterbildung sind wichtig. Sie können ein erfahrener Profi sein, doch die Technik entwickelt sich weiter, und mit anderen betrieblichen Gegebenheiten und (neuen) möglichen Gefahren müssen Sie vertraut sein, damit keine Unfälle passieren.

Auch die **jährliche Unterweisung** dient der Arbeitssicherheit. Denken Sie daran, dass die Teilnahme an der Unterweisung Pflicht ist (BetrSichV § 12, DGUV V 1 § 4). Routine kann leichtsinnig machen, deshalb ist es wichtig, sich immer wieder mit den Risiken aber auch den Möglichkeiten Ihres Kranes zu befassen und verschüttetes Wissen aufzufrischen.

Fahrauftrag

s. a. BGB § 831, ArbSchG § 7, BetrSichV § 12 Abs. 3, DGUV V 52 § 29 und DGUV G 309-003 Nr. 6.1.

Der Inhaber dieses Ausweises ist zum Führen von Kranen folgender Bauart(en) beauftragt:

mit Ausrüstung + Steuerung:

im Betrieb / Betriebsbereich / Einsatz*:

Er ist verpflichtet, die Arbeitsmittel nur bestimmungsgemäß einzusetzen sowie die allgemein gültigen und betrieblichen Vorschriften und Arbeitsschutzvorgaben einzuhalten.

Datum Stempel Unternehmer / Beauftragter

Auszug aus dem Fahrausweis für Ladekrane vom Resch-Verlag

Fahrausweis

Im Fahrausweis werden alle Voraussetzungen eines Kranführers rechtssicher an einem Ort dokumentiert:

- Eignung
- Ausbildung (allgemeine, betriebliche und Zusatzausbildung)
- Fahrauftrag (Beschränkung auf bestimmte Krane oder Betriebsbereiche möglich)
- Jährliche Unterweisungen

Der Ausweis ist Ihr Eigentum. Wechseln Sie das Unternehmen, muss Ihnen ein neuer Fahrauftrag erteilt werden. Die im Ausweis stehende Ausbildung kann Ihnen jedoch niemand mehr nehmen.

Bestell-Nr. FA24

Fahrausweis für Ladekrane

Reg.-Nr.
(für interne Zwecke, z. B. Personal-, Lehrgangsnummer o. Ä.)

Fahraufträge sind von jedem Unternehmen neu zu erteilen.
Für weitere Fahraufträge o. dgl. ist ein Ergänzungsblatt erhältlich.
**** Nichtzutreffendes in den jeweiligen Rubriken streichen.***

Ausgabe 2021
© 2020, Resch-Verlag, Dr. Ingo Resch GmbH,
Maria-Eich-Straße 77, D-82166 Gräfelfing,
Telefon: 089 85465-0, www.resch-verlag.com

Alle Rechte vorbehalten.
Nachdruck – auch auszugsweise – nicht gestattet.

> Besitzen Sie einen Kfz-Führerschein, ersetzt dieser nicht den Fahrausweis. Der Führerschein ist für das Trägerfahrzeug (→ Seite 85), der Fahrausweis für den Kran.

Betriebsvorschriften

Die **Vorschriften für den Kranbetrieb** finden sich in der DGUV V 52 „Krane" in den §§ 29-43. Daran muss sich ein Kranführer halten. An oder in der Nähe der Steuereinrichtung des Kranes muss ein Ausdruck dieser Vorschriften angebracht sein.

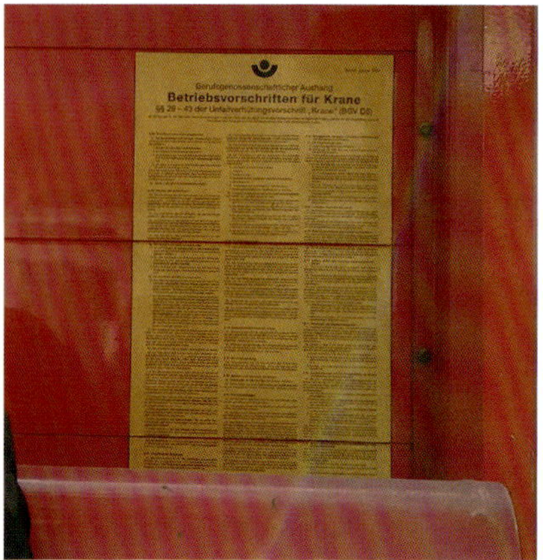

Betriebsvorschriften in der Nähe des Steuerstandes eines Lkw-Anbaukranes

Betriebsanleitung

Der Kranhersteller liefert mit jedem Kran und jeder Lastaufnahmeeinrichtung eine **Betriebsanleitung** mit. Darin erklärt der Hersteller das Gerät und wie damit umzugehen ist.

Der Ladekranführer muss die Betriebsanleitung des Kranes und der verwendeten Lastaufnahmeeinrichtungen kennen und beachten.

Bestimmungsgemäße Verwendung

Wie jedes andere Arbeitsmittel darf auch ein Ladekran nur **bestimmungsgemäß** verwendet werden. Darunter versteht man das, was der Hersteller in seiner Betriebsanleitung vorgibt.

Das Gegenteil zur bestimmungsgemäßen Verwendung ist die sog. **bestimmungswidrige Verwendung**, also das, was mit dem Kran verboten ist, z. B.

- Ziehen und Schleifen von Lasten (Ausnahmen → Seiten 76 und 78),
- Losreißen von Lasten,
- sog. mechanische Einwirkungen auf den Kran wie das Drücken oder Fahren gegen Hindernisse.

Auch das Befördern von Personen ist nur sehr eingeschränkt erlaubt, z. B. in einem speziell dafür vorgesehenen Personenaufnahmemittel – nicht etwa in einer Gitterbox (→ Seite 71). Das wiederum wäre bestimmungswidrig und zudem verboten (DGUV V 52 § 36) – ebenso das Mitfahren auf der Ladefläche oder der Last.

Mal eben einen Kollegen auf der Ladefläche ein paar Meter mitnehmen? – Niemals!

Hiermit darf eine Person mit einem Lkw-Ladekran gehoben werden.

Betriebsanweisung

Der Unternehmer muss für den Umgang mit Kranen in seinem Betrieb **Betriebsanweisung**(en) erstellen, an die sich der Kranführer halten muss.

Sie sind in verständlicher Sprache zu verfassen und zugänglich zu machen (z. B. durch Aushang) und beinhalten u. a. die Gefahren sowie die Maßnahmen, die getroffen werden müssen, um die Gefahren zu reduzieren.

Unterweisung

Ein Unternehmer, der Ladekranführer beauftragt, muss diese vor der ersten Arbeitsaufnahme auf Grundlage der Betriebsanleitung und Betriebsanweisung unterweisen (= betriebliche Ausbildung → Seite 10).

Ändert sich in Bezug auf den Kraneinsatz etwas im Betrieb (z. B. bei Veränderungen im Aufgabenbereich oder Einführung eines neuen Kranes oder Anschlagmittels), hat der Unternehmer erneut zu unterweisen (ArbSchG § 12). Das hat nichts mit der jährlich durchzuführenden Unterweisung (→ Seite 11) zu tun, die der Unternehmer anbieten muss.

Betriebsanleitungen, -vorschriften und -anweisungen müssen von jedem Kranführer beachtet werden.

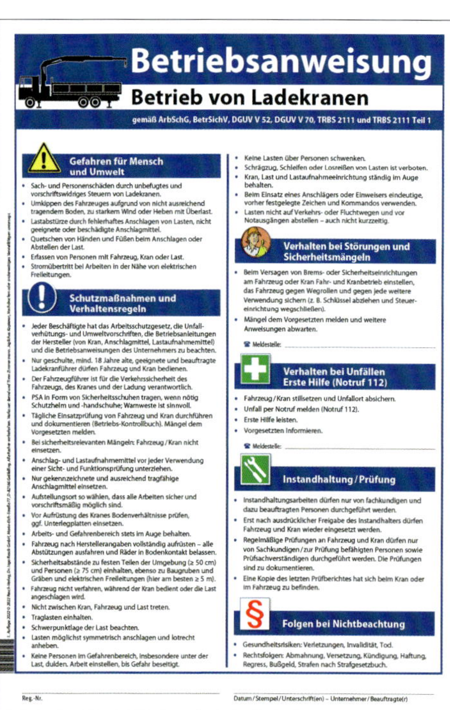

Betriebsanweisung

Betrieb von Ladekranen

gemäß ArbSchG, BetrSichV, DGUV V 52, DGUV V 70, TRBS 2111 und TRBS 2111 Teil 1

Gefahren für Mensch und Umwelt

- Sach- und Personenschäden durch unbefugtes und vorschriftswidriges Steuern von Ladekranen.
- Umkippen des Fahrzeuges aufgrund von nicht ausreichend tragendem Boden, zu starkem Wind oder Heben mit Überlast.
- Lastabstürze durch fehlerhaftes Anschlagen von Lasten, nicht geeignete oder beschädigte Anschlagmittel.
- Quetschen von Händen und Füßen beim Anschlagen oder Abstellen der Last.
- Erfassen von Personen mit Fahrzeug, Kran oder Last.
- Stromübertritt bei Arbeiten in der Nähe von elektrischen Freileitungen.

Schutzmaßnahmen und Verhaltensregeln

- Jeder Beschäftigte hat das Arbeitsschutzgesetz, die Unfallverhütungs- und Umweltvorschriften, die Betriebsanleitungen der Hersteller (von Kran, Anschlagmittel, Lastaufnahmemittel) und die Betriebsanweisungen des Unternehmers zu beachten.
- Nur geschulte, mind. 18 Jahre alte, geeignete und beauftragte Ladekranführer dürfen Fahrzeug und Kran bedienen.
- Der Fahrzeugführer ist für die Verkehrssicherheit des Fahrzeugs, des Kranes und der Ladung verantwortlich.
- PSA in Form von Sicherheitsschuhen tragen, wenn nötig Schutzhelm und -handschuhe; Warnweste ist sinnvoll.
- Tägliche Einsatzprüfung von Fahrzeug und Kran durchführen und dokumentieren (Betriebs-Kontrollbuch). Mängel dem Vorgesetzten melden.
- Bei sicherheitsrelevanten Mängeln: Fahrzeug / Kran nicht einsetzen.
- Anschlag- und Lastaufnahmemittel vor jeder Verwendung einer Sicht- und Funktionsprüfung unterziehen.
- Nur gekennzeichnete und ausreichend tragfähige Anschlagmittel einsetzen.
- Aufstellungsort so wählen, dass alle Arbeiten sicher und vorschriftsmäßig möglich sind.
- Vor Aufrüstung des Kranes Bodenverhältnisse prüfen, ggf. Unterlegplatten einsetzen.
- Arbeits- und Gefahrenbereich stets im Auge behalten.
- Fahrzeug nach Herstellerangaben vollständig aufrüsten – alle Abstützungen ausfahren und Räder in Bodenkontakt belassen.
- Sicherheitsabstände zu festen Teilen der Umgebung (≥ 50 cm) und Personen (≥ 75 cm) einhalten, ebenso zu Baugruben und Gräben und elektrischen Freileitungen (hier am besten ≥ 5 m).
- Fahrzeug nicht verfahren, während der Kran bedient oder die Last angeschlagen wird.
- Nicht zwischen Kran, Fahrzeug und Last treten.
- Traglasten einhalten.
- Schwerpunktlage der Last beachten.
- Lasten möglichst symmetrisch anschlagen und lotrecht anheben.
- Keine Personen im Gefahrenbereich, insbesondere unter der Last, dulden. Arbeit einstellen, bis Gefahr beseitigt.
- Keine Lasten über Personen schwenken.
- Schrägzug, Schleifen oder Losreißen von Lasten ist verboten.
- Kran, Last und Lastaufnahmeeinrichtung ständig im Auge behalten.
- Beim Einsatz eines Anschlägers oder Einweisers eindeutige, vorher festgelegte Zeichen und Kommandos verwenden.
- Lasten nicht auf Verkehrs- oder Fluchtwegen und vor Notausgängen abstellen – auch nicht kurzzeitig.

Verhalten bei Störungen und Sicherheitsmängeln

- Beim Versagen von Brems- oder Sicherheitseinrichtungen am Fahrzeug oder Kran Fahr- und Kranbetrieb einstellen, das Fahrzeug gegen Wegrollen und gegen jede weitere Verwendung sichern (z. B. Schlüssel abziehen und Steuereinrichtung wegschließen).
- Mängel dem Vorgesetzten melden und weitere Anweisungen abwarten.

☎ Meldestelle: ____________

Verhalten bei Unfällen Erste Hilfe (Notruf 112)

- Fahrzeug / Kran stillsetzen und Unfallort absichern.
- Unfall per Notruf melden (Notruf 112).
- Erste Hilfe leisten.
- Vorgesetzten informieren.

☎ Meldestelle: ____________

Instandhaltung / Prüfung

- Instandhaltungsarbeiten dürfen nur von fachkundigen und dazu beauftragten Personen durchgeführt werden.
- Erst nach ausdrücklicher Freigabe des Instandhalters dürfen Fahrzeug und Kran wieder eingesetzt werden.
- Regelmäßige Prüfungen an Fahrzeug und Kran dürfen nur von Sachkundigen / zur Prüfung befähigten Personen sowie Prüfsachverständigen durchgeführt werden. Die Prüfungen sind zu dokumentieren.
- Eine Kopie des letzten Prüfberichtes hat sich beim Kran oder im Fahrzeug zu befinden.

Folgen bei Nichtbeachtung

- Gesundheitsrisiken: Verletzungen, Invalidität, Tod.
- Rechtsfolgen: Abmahnung, Versetzung, Kündigung, Haftung, Regress, Bußgeld, Strafen nach Strafgesetzbuch.

Reg.-Nr. ____________

Datum / Stempel / Unterschrift(en) – Unternehmer / Beauftragte(r) ____________

Plakat: Betriebsanweisung für den sicheren Betrieb von Ladekranen vom Resch-Verlag

Verantwortung

Der Ladekranführer ist in erster Linie für die fachgerechte und damit sichere **Bedienung des Kranes** verantwortlich.

Da der Ladekranführer häufig alleine vor Ort arbeitet, ist er auch für das ordnungsgemäße **Anschlagen der Last** und die **Ladungssicherung** verantwortlich (→ Seiten 58 u. 82), genauso wie für die **Prüfung der Bodenverhältnisse** vor Aufrüstung des Fahrzeuges (→ Seite 38 ff.).

Der Vorgesetzte hat die **Aufsichtspflicht** für den vorschriftsmäßigen Einsatz und die Erledigung der fachgerechten Arbeit. Das bedeutet, dass er planmäßig in gewissen Abständen die Arbeit des Ladekranführers kontrolliert.

Haftung

Krane dürfen nur **bestimmungsgemäß** (s. Betriebsanleitung) und unter Beachtung der Betriebsanweisungen und Unfallverhütungsvorschriften eingesetzt werden (→ Seiten 12 ff.).

Geschieht dies nicht, und ereignet sich daraufhin ein Unfall, kann dies zu einer Haftung führen. Wenn Sie also z. B. verbotenerweise eine Person auf der Ladefläche mitfahren lassen, verstoßen Sie gegen zahlreiche Vorschriften und handeln mindestens grob fahrlässig. Wenn dadurch ein Unfall passiert, haften Sie mit hoher Wahrscheinlichkeit, was zu Rechtsfolgen führt.

Übrigens: Wird ein solches bestimmungswidriges Vorgehen vom Vorgesetzten angeordnet, darf der Kranführer die Arbeit ablehnen – streng genommen muss er dies sogar, denn als ausgebildeter Lkw-Ladekranführer muss er wissen, dass so etwas verboten ist. In einem solchen Fall ist der Vorgesetzte mindestens genauso in der Verantwortung, da er keine verbotenen Anordnungen erteilen darf.

Rechtsfolgen

Die Rechtsfolgen nach einem Unfall können vielfältig sein:

- Abmahnung
- Versetzung
- Kündigung
- Schadensersatz
- Schmerzensgeld
- Regress
- Bußgeld
- Geldstrafe
- Freiheitsstrafe

Wie stark die Rechtsfolgen sind, die nach einem Unfall auf den Schuldigen einprasseln, hängt davon ab, wie groß das **Verschulden** war.

Es gibt zwei Formen des Verschuldens:

1. **Fahrlässigkeit**
2. **Vorsatz**

Überwiegend geschehen betriebliche Unfälle fahrlässig. Rechtlich gesehen ist Fahrlässigkeit grundsätzlich dann zu bejahen, wenn ein Unfall

1. **vorhersehbar** und
2. **vermeidbar**

war.

Aber auch der **Vorsatz** kann betrieblich relevant sein. Interessieren jemanden weder Betriebsanleitung noch Betriebsanweisung oder Vorschriften, so kann das durchaus bereits Vorsatz sein, wenn dieses Verhalten zu einem Unfall führt.

Die vereinfachte Darstellung (s. Grafik) kann jeder im Betrieb nachvollziehen und dann für sich beurteilen, wie er den Verschuldensmaßstab sehen würde.

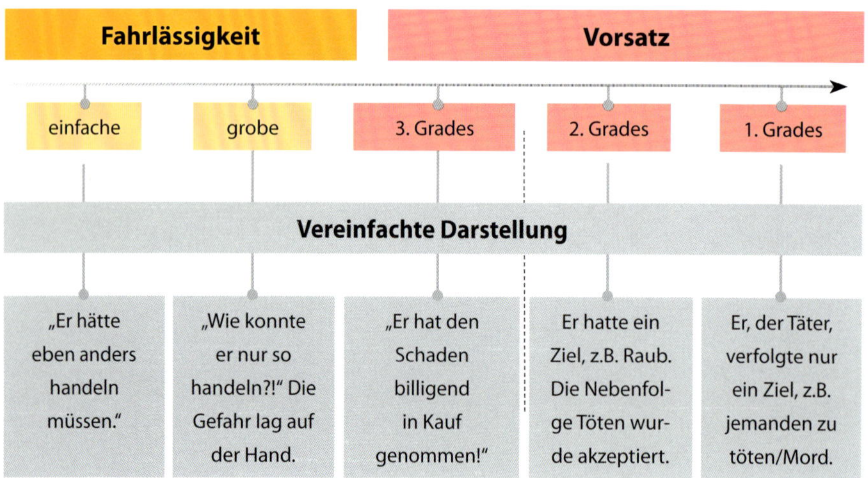

Aufbau eines Ladekranes

Bauteile

Abschleppkran mit Teleskopausleger

Bei Ladekranen gibt es Knickausleger und Teleskopausleger. Oftmals treten beide Auslegersysteme kombiniert auf.

Steuerstände

Ladekrane können mit unterschiedlichen **Steuerständen** ausgerüstet sein:

- Flursteuerung am Kran,
- hochgelegener ortsfester Steuerstand,
- hochgelegener mitdrehender Steuerstand, an der Kransäule als Hochsitz oder -stand angebracht,
- Fernsteuerung, entweder über Kabel, Funk oder Infrarotsignale.

Auch an Steuerständen kann es zu **Gefahren** kommen.

Langholzladekran mit Knickausleger

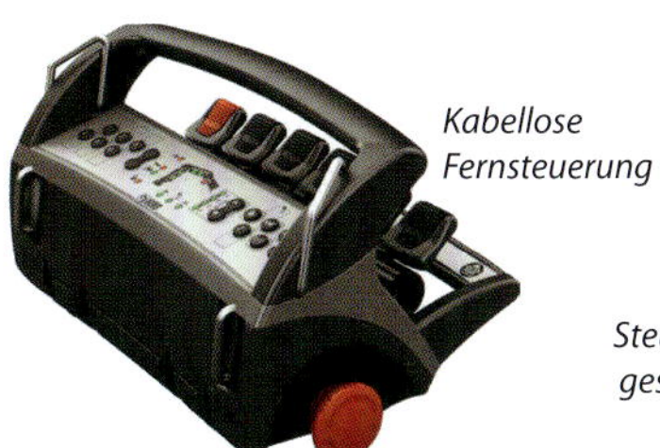

Kabellose Fernsteuerung

Steuerstand in geschlossener Kabine

An der Kransäule angebrachter Steuerstand/-sitz

So muss der Bediener bei einer Flursteuerung darauf achten, dass er nicht vom Kran, Lastaufnahmemittel oder der Last **eingequetscht** wird, was insbesondere dann geschehen kann, wenn er einen Bedienungsfehler macht.

Bei der Steuerung mittels Fernbedienung hat der Kranführer immer außerhalb des Gefahrenbereiches zu stehen, er sollte also z. B. nicht mit der Last über sich selbst hinwegschwenken.

Beim Auf- und Absteigen zu einem festen Steuerstand / -sitz kann es zu einem Absturz kommen. Springen Sie vor allem nie vom Steuerstand ab. Dabei passieren jedes Jahr etliche vermeidbare Unfälle.

Sicherheitseinrichtungen

Not-Aus-Schalter

Er bewirkt, dass der Kran bei einer Gefahrensituation sofort zum Stillstand gebracht wird. Er schaltet die Energiezufuhr ab. Nach Betätigung sind keine Kranbewegungen mehr möglich.

Der Not-Aus-Schalter ist vor jedem Arbeitsbeginn auf seine einwandfreie Funktion hin zu testen (→ tägliche Einsatzprüfung, Seite 35). Unterbricht der Kran nach Drücken des Schalters nicht jede Bewegung, ist die Arbeit sofort einzustellen bzw. gar nicht erst aufzunehmen.

Den Not-Aus-Schalter erst wieder lösen, wenn die Gefahrensituation vollständig beseitigt ist.

Bewegungsbegrenzer

Ein Begrenzer bewirkt, dass eine Kranbewegung am Ende nicht unkontrolliert gestoppt wird, wodurch Gefahren entstehen können, wie z. B. eine Beschädigung des Kranes. Bei Erreichen der Begrenzung sind nur noch Bewegungen möglich, die die Gefahr verringern. Dies geschieht häufig durch Endschalter, bei deren Betätigung die Kranbewegung automatisch stoppt.

Bewegungen, die begrenzt werden müssen, sind z. B. Auf- und Abwärtsbewegung von Hubwinden oder von Hub-, Knick- und Teleskop- oder Schwenkzylindern.

Fernbedienung mit Not-Aus-Schalter

Senkendschalter an Seilwinden

Dieser wichtige Bewegungsbegrenzer bewirkt, dass bei der Senkbewegung des Hakens die vorgeschriebenen Seilwindungen auf der Windentrommel verbleiben (mindestens 2).

Höhenbegrenzungsanzeige

Sie wird auch Höhenwarnanzeige genannt und zeigt dem Fahrzeugführer an, wenn sich der Ausleger nicht innerhalb des sog. Lichtraumprofiles (= Konturen des Fahrzeuges / Fahrzeugbegrenzungslinie) befindet oder wenn z. B. Lastaufnahmemittel wie Zangen oder Greifer am Kran montiert sind und der Ausleger dadurch nicht in der vorgesehenen Transporthalterung abgelegt werden kann.

Die Höhenbegrenzungsanzeige soll verhindern, dass das Fahrzeug an Tordurchfahrten, Tunneln oder Brückenunterfahrungen hängen bleibt.

Belastungsanzeige

Sie wird auch Auslastungsanzeige genannt und zeigt dem Kranführer die Kranbelastung an. Sie dient dazu, dem Kranführer insbesondere dann eine Warnung zu geben (optisch und/oder akustisch), wenn er in den kritischen Bereich (Überlastung oder Kippgefahr) kommt.

Häufig ist diese Anzeige so geschaltet, dass die Belastung des Kranes ab bestimmten Prozentzahlen angezeigt wird, z. B.:

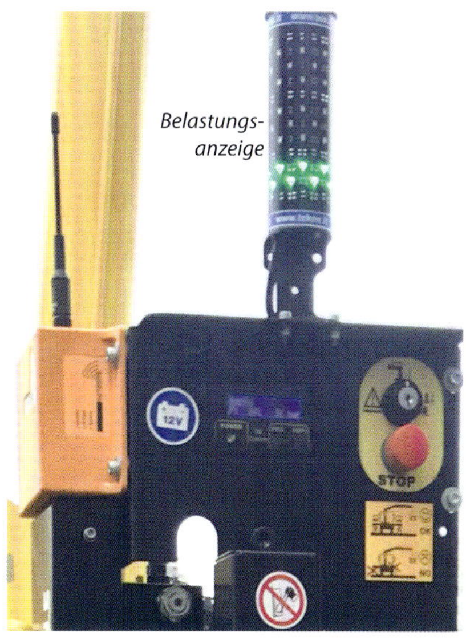

- grünes Leuchten bis 60 %,
- gelbes Leuchten bis 90 %,
- rotes Leuchten bis 100 %,
- rotes Blinken im Überlastbereich.

Lastmomentbegrenzer

Der Lastmomentbegrenzer bewirkt, dass

1. mit dem Kran keine unzulässig schwere Last angehoben werden kann,
2. bei Überschreiten des zulässigen Lastmomentes keine Kranbewegungen mehr möglich sind, die das Lastmoment noch weiter vergrößern würden.

Dadurch soll ein Kippen und eine Beschädigung des Kranes verhindert werden.

Aber Achtung: Der Lastmomentbegrenzer schützt Sie nicht immer.

Beispiele:
- starkes Pendeln der Last
- zusätzliche Lastaufnahme, wenn sich der Kran schon im Hebevorgang befindet
- Schrägzug, Schleifen, Losreißen von Lasten
- nachgebender Boden
- fehlerhafte Kranaufstellung – z. B. Abstützungen
- Windeinfluss

Überlastsicherungen dürfen nicht als Lastwaage missbraucht werden!

Informationszeichen zur Steuerung eines Abschleppkranes

Warn- und Informationszeichen

Neben den Sicherheitseinrichtungen sind am Kran Warn- und Informationsschilder für den sicheren Kranbetrieb zu finden:

- blaue Gebotszeichen
- gelbe Warnzeichen
- rote Verbotsschilder
- Informationen z. B. zur Steuerung oder Tragfähigkeitsangaben

Fehlen diese Schilder, die notwendigen Angaben zum Kran bzw. die CE-Kennzeichnung (→ Seite 8) oder die auszuhängenden Betriebsvorschriften (→ Seite 12), sollte der Kran nicht mehr eingesetzt werden, bis die Beschilderung wieder einwandfrei ist.

Ordnungsgemäße Krankennzeichnung an der Kransäule sowie Beschilderung mit Gebots-, Verbots- und Warnzeichen

Tragfähigkeitsangaben am Kran

Physikalische Grundlagen

Es gibt eine Reihe von Naturgesetzen bzw. technischen Gegebenheiten, die beim Bedienen von Ladekranen beachtet werden müssen.

Trägheitskraft

Bewegt sich ein Körper, möchte er diese Bewegung beibehalten. Befindet er sich im Ruhezustand, möchte er weiterhin „ruhen". **Jeder Körper möchte also seinen momentanen Bewegungszustand beibehalten** – er ist träge.

Ein gutes Beispiel dafür ist das Autofahren: Beschleunigen wir, wird unser Körper in den Sitz gepresst. Bremsen wir, werden wir nach vorne in den Gurt gedrückt. Je stärker, desto mehr werden wir in den Sitz / Gurt gedrückt.

Diese Trägheitskraft spielt bspw. bei der Ladungssicherung eine große Rolle (→ Seite 82). Aber auch beim Anheben von Lasten belastet die Trägheitskraft den Kran zusätzlich zum Gewicht der Last.

Lasten sollten nie ruckartig angehoben werden.

Fliehkraft

Die Fliehkraft entsteht bei Kreis- / Drehbewegungen und wirkt nach außen, gut zu erkennen an einem Kettenkarussell: Dreht es sich, bewegen sich die Sitze nach außen, und die Mitfahrer werden nach außen in den Sitz gepresst.

Beim Fahren mit Ladekranen kommt die Fliehkraft bei Kurvenfahrten zur

Beim Kettenkarussell wird die Fliehkraft „sichtbar".

Wirkung. Genauso wirkt sie beim Schwenken von Lasten.

Es gilt: Je höher die Geschwindigkeit und je enger die Kurve, desto größer ist die Fliehkraft und desto höher ist die Kippgefahr für Last und Fahrzeug.

Wird die Geschwindigkeit verdoppelt, vervierfacht sich die Fliehkraft.

Kurven immer langsam durchfahren und Lasten langsam schwenken.

Reibung

Reibung tritt auf, wenn sich zwei berührende Körper gegeneinander bewegen. Durch die dabei wirkende Reibungskraft wird die **Bewegung gehemmt.**

Man unterscheidet **3 Formen der Reibung**:

- Haftreibung
- Gleitreibung
- Rollreibung

Dabei ist die Haftreibung die stärkste Form der Reibung, gefolgt von der Gleitreibung und der Rollreibung.

Je nach Tätigkeit kann die Reibung erwünscht oder unerwünscht sein.

Anschaulich wird dies bei einem Fahrzeug auf der Straße:

- **Haftreibung:** Ein Körper haftet auf dem anderen – beim stehenden Auto die Reifen auf einer Straße am Berg, wenn die Handbremse angezogen ist.

- **Gleitreibung:** Ein Körper gleitet auf dem anderen – bei einer Vollbremsung ohne ABS blockieren die Reifen und gleiten / rutschen auf der Straße.
- **Rollreibung:** Ein Körper rollt auf einem anderen – beim fahrenden Auto rollen die Räder auf der Straße.

Beispiele, bei denen Reibung eine Rolle spielt:

- Fahrt im Winter, der Weg ist vereist: Zwischen Weg und Reifen kann sich durch das Eis kaum (erwünschte) Reibung „aufbauen" – man rutscht weg, kann nicht beschleunigen, bremsen und lenken. – Ein gefährlicher Zustand. Durch das Streuen von Granulat auf den Weg wird wieder Reibung erzeugt – die Oberfläche wird rauer, das Fahren sicherer. Gleiches gilt, wenn ein Verkehrsweg befahren wird, der z. B. durch Verschmutzung glatt ist. Hier kann es ebenfalls zu gefährlichen Situationen kommen.
- Ist eine Ladefläche z. B. mit Sand oder Kies verschmutzt, kommt eine Ladung darauf schnell ins Rutschen, da sie durch die Schmutzpartikel wie auf kleinen Kügelchen rollt und die Reibung gering ist.
  Deshalb gilt:

Vor dem Laden auf eine saubere Ladefläche achten.

Wie die beiden Beispiele zeigen, können Feuchtigkeit, Schmutz oder auch Öl die Reibung verringern. Wie stark die Reibung ist, hängt im Wesentlichen von den Materialien und der Beschaffenheit der Körperoberflächen ab. Sind die Oberflächen glatt, ist die Reibung geringer als bei rauen Oberflächen.

Hier wollen wir möglichst wenig Reibung – sonst macht es keinen Spaß!

		Ladefläche		
		Schicht-/Sperrholz	geriffeltes Aluminium	Stahlblech
Ladung	Antirutschmatten	0,60	0,60	0,60
	Stahlkiste	0,60	0,30	0,20
	Schnittholz	0,45	0,40	0,30
	Kunststoffpalette	0,45	0,30	0,20
	Schrumpffolie	0,30	0,30	0,30
	Hobelholz	0,30	0,20	0,20

Kombinationen	
rauer Boden / Schnittholzlatte	0,70
glatter Boden / Schnittholzlatte	0,55

Reibwerte μ nach EN 12195: 1

So liegt Holz auf Holz sicherer als Stahl auf Holz – also verrutscht eine aus Holz bestehende Palette mit Ladung später als eine Gitterbox aus Metall.

Das hängt mit dem sog. **Reibwert** zusammen. Je kleiner dieser ist, desto geringer ist die Reibung und desto gefährlicher wird ein Lastentransport.

Dies ist ein entscheidender Aspekt bei der Ladungssicherung. Einem Irrtum unterliegt derjenige, der glaubt, dass schwerere Lasten langsamer oder gar nicht verrutschen und deshalb auch nicht gesichert werden müssen.

Auch schwere Lasten müssen gesichert werden!

Ein schwerer Gegenstand rutscht bei Fahrmanövern **gleichzeitig los wie ein leichter**, z. B. beim Bremsen. Das hängt mit zwei Kräften zusammen, die sich bezüglich der Masse gegenseitig „aufheben“:

- Die Reibungskraft versucht den Gegenstand am Rutschen zu hindern.
- Die Trägheitskraft bewirkt aber, dass der Gegenstand „weiterfahren“ will.

Zwar ist die Reibungskraft bei einem schweren Gegenstand größer, die Trägheitskraft aber genauso. In dem Moment, in dem die Trägheitskraft größer wird als die Reibungskraft (z. B. bei starker Bremsung oder Kurvenfahrt), fangen der leichte und der schwere Gegenstand gleichzeitig an zu rutschen.

Schwerpunkt

Jeder Körper hat einen Schwerpunkt. Er ist der sog. Massenmittelpunkt eines Körpers.

Am Schwerpunkt greifen viele wichtige Kräfte wie die bereits erläuterten Trägheits- und Fliehkräfte, aber auch die Schwerkraft an.

Ein rechteckiges Brett hat seinen Schwerpunkt in der Mitte, also dort, wo seine Diagonalen sich schneiden – genauso eine gleichmäßig beladene Gitterbox.

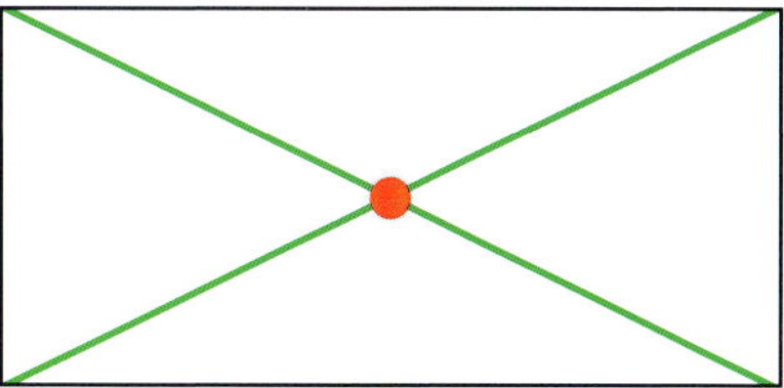

Diagonale mit Schwerpunkt im Schnittpunkt

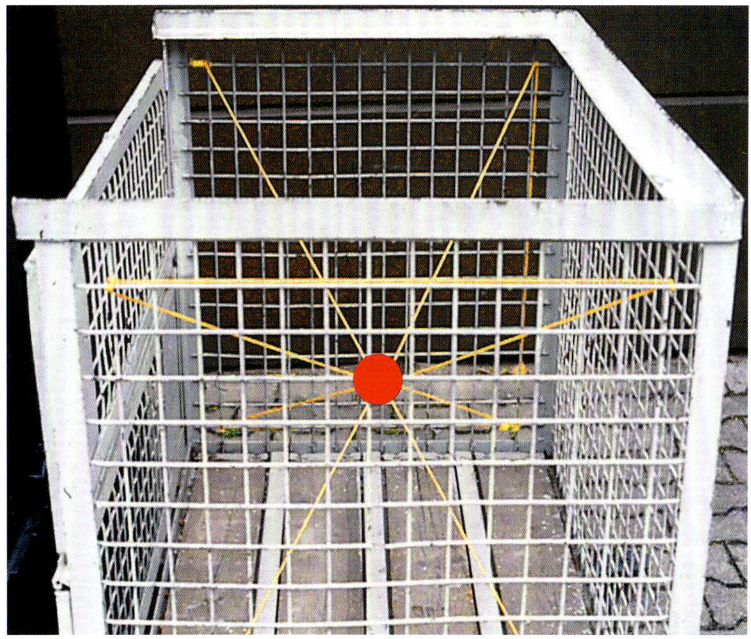

Gedachter Schwerpunkt einer gleichmäßig beladenen Gitterbox

Bei einem Ladekran arbeiten viele Komponenten zusammen, die alle jeweils ihren eigenen Schwerpunkt haben:

- das Trägerfahrzeug,
- der auf dem Fahrzeug befindliche Kran,
- Lastaufnahmemittel, wie z. B. Greifer oder Steinzange,
- die Last.

Alle Schwerpunkte zusammen bilden einen **Gesamtschwerpunkt**, der für die Standsicherheit eine wesentliche Rolle spielt.

Je höher der Schwerpunkt eines Körpers liegt, desto gefährlicher wird es. Das ist z. B. für die Arbeit in großen Höhen, wie mit einem langen Ausleger, von Bedeutung.

Standsicherheit – Kippkanten

Ein Körper ist standsicher, solange sich sein Schwerpunkt nicht in der Nähe seiner Kippkanten befindet – dann wird es wackelig. Sobald er über die Kippkante hinaus gerät, kippt er um.

Einfaches Beispiel mit einer Kiste:
Solange der Schwerpunkt S vor der Kippkante bleibt (S_1), würde die Kiste wieder in die Ausgangsstellung zurückkippen. Umkippen würde sie in dem Moment, wenn der Schwerpunkt über die seitliche Kippkante hinaus gerät (S_2).

Bei der Standsicherheit eines Ladekranes ist immer der **Gesamtschwerpunkt** entscheidend. Häufig befindet sich die Last mit ihrem Schwerpunkt

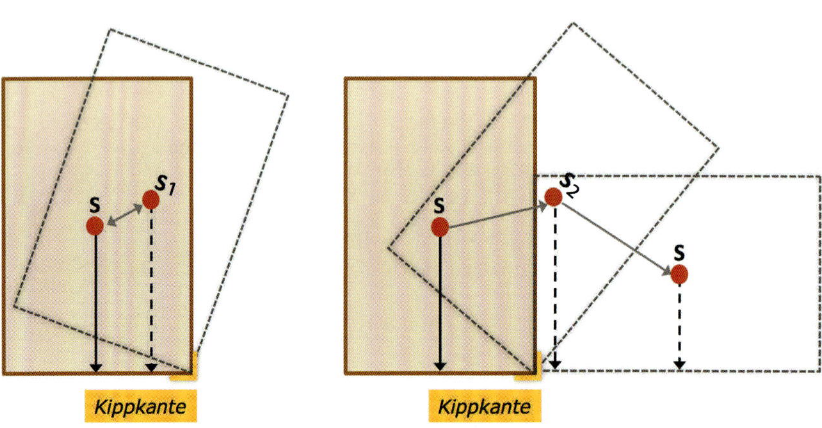

Wandert der Schwerpunkt „S" über die seitliche Kippkante der Kiste, fällt sie um.

Die Last befindet sich mit ihrem Schwerpunkt außerhalb der ***Kippkante.***

außerhalb der Kippkanten. Solange sich aber der Gesamtschwerpunkt innerhalb der Kippkanten befindet, ist das unproblematisch.

Ein Lkw-Ladekran hat je nach Konstruktion und Rüstzustand unterschiedliche Kippkanten.

Hier befindet sich die Last weit außerhalb der Fahrzeug-Kippkanten. Solange aber der Gesamtschwerpunkt innerhalb der Kippkanten bleibt, ist die Standsicherheit gegeben.

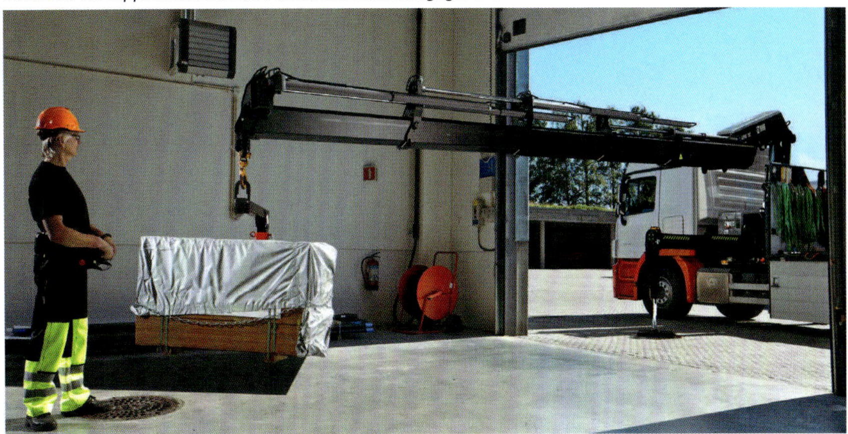

Da er – anders als z. B. ein groß dimensionierter Fahrzeugkran – nicht freigehoben wird, sondern die Räder als zusätzliche Abstützung dienen, bilden die Räder in Verbindung mit den Abstützungen die Kippkanten.

Bei Ladekranen mit zwei Abstützungen gibt es also 6 Kippkanten. Bei größeren Ladekranen mit vier Abstützungen gibt es dann 8 Kippkanten.

Zu beachten ist, dass Ladekrane ohne Abstützung nicht betrieben werden dürfen. Dies gibt der jeweilige Hersteller in der Betriebsanleitung vor. Die Kippgefahr wäre ohne Abstützung zu groß.

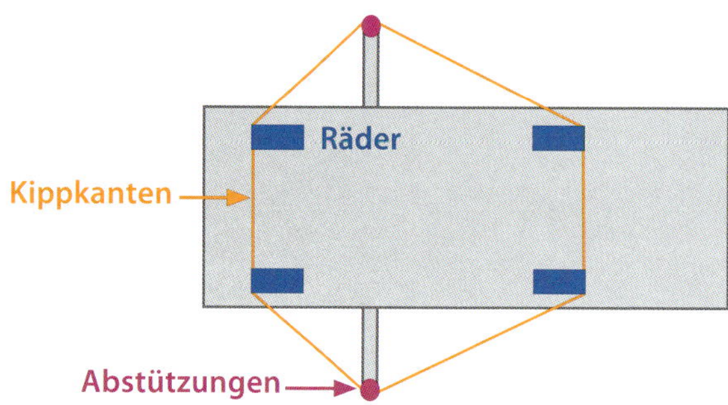

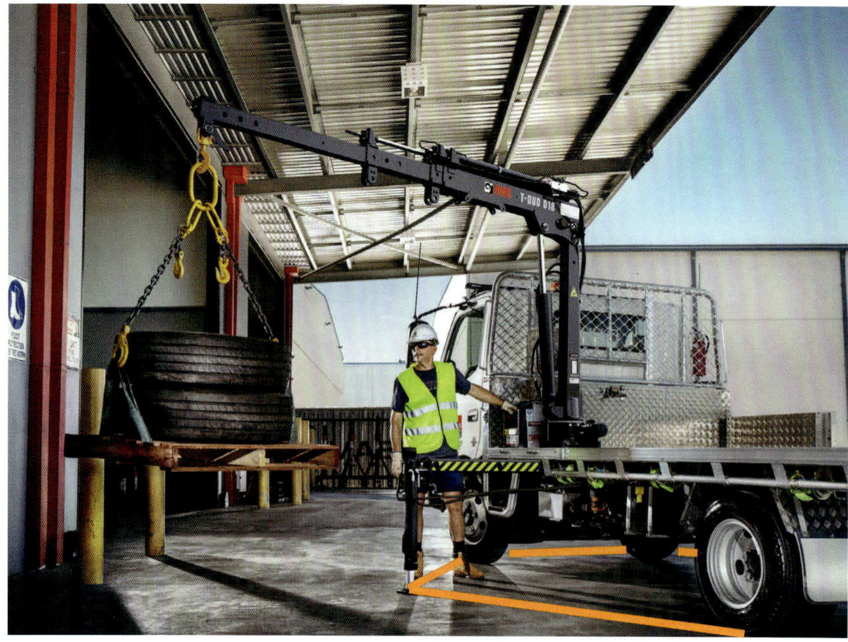

Tragfähigkeit

Je nach Bauart, Modell, Rüstzustand und Ausstattung hat jeder Kran seine individuelle Tragfähigkeit.

Diese gibt der **Hersteller** vor – in der Betriebsanleitung sowie auf dem Tragfähigkeitsdiagramm, das sich am Kran befindet.

Über die Tragfähigkeit muss der Kranführer Bescheid wissen und auch das Tragfähigkeitsdiagramm lesen können.

Als Grundsatz gilt:
Je weiter der Ausleger ausgefahren wird, desto weniger Last kann gehoben werden.

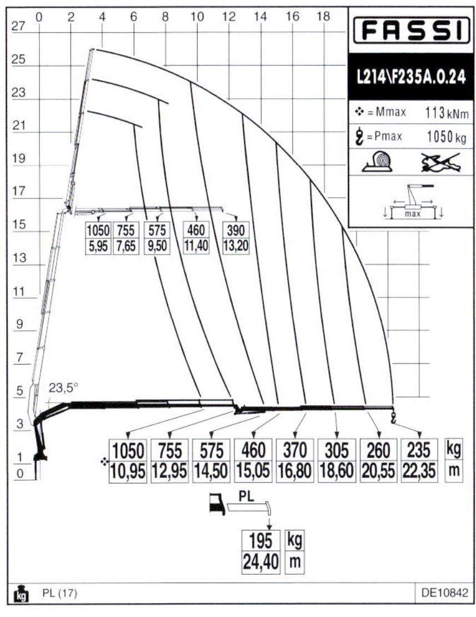

Tragfähigkeitsdiagramm

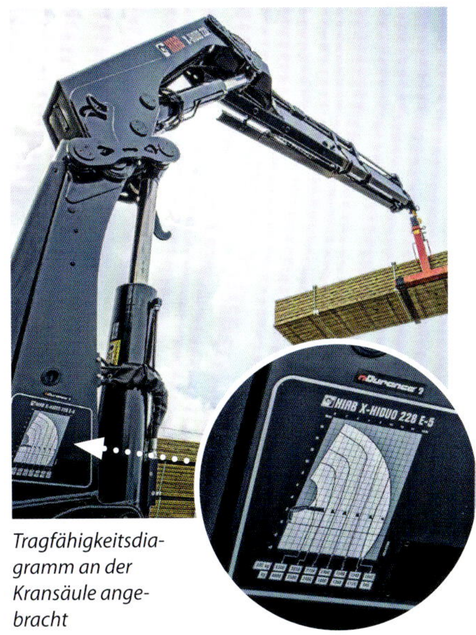

Tragfähigkeitsdiagramm an der Kransäule angebracht

Auch am hochgelegenen Abstellort muss die Tragfähigkeit ausreichen.

Werden Auslegerverlängerungen (auch Schubstückverlängerungen genannt) eingesetzt, muss die Tragfähigkeit entsprechend reduziert werden, da sich der Ausleger verlängert und dieser zudem bereits ein Eigengewicht hat.

Werden Anschlagmittel oder Lastaufnahmemittel eingesetzt, ist auch ihr Eigengewicht von der Tragfähigkeit abzuziehen.

Es verbleibt dann immer nur eine sog. **Resttragfähigkeit**.

Auch wenn Lasten gehoben werden, die von Natur aus zum Pendeln neigen, z. B. Flüssigkeiten in Behältern, darf nicht die volle Tragfähigkeit angesetzt werden. Gleiches gilt bei Windeinfluss (→ Seite 55).

Vor dem Kraneinsatz

Kleidung

Die Kleidung des Ladekranführers muss **funktionell** sein, also nicht zu weit oder zu eng. Ärmel dürfen keine Gefahr des Hängenbleibens bergen (nach innen umschlagen).

Zudem erhöht **auffällige** Kleidung (z. B. Warnwesten oder Reflektoren) die Sicherheit, da sich der Ladekranführer dadurch vom Umfeld abhebt und auch im Dunkeln oder bei schlechtem Wetter gut zu erkennen ist.

Ausladender **Schmuck** (bspw. große Ringe, Ketten) hat bei der Kranbedienung nichts zu suchen. Sie müssen bei der Arbeit nicht schön aussehen, sondern gut und sicher arbeiten.

Persönliche Schutzausrüstung (PSA)

Zur „Standard-PSA" – gerade auf Baustellen – gehören:

- Sicherheitsschuhe
- Schutzhelm
- Schutzhandschuhe, wenn an Lasten hantiert wird

Achtung:
Bestimmte Tätigkeiten können mit Schutzhandschuhen gefährlich sein, wie das Bedienen einer Funkfernsteuerung. Es kann zu Fehlbedienungen kommen, wenn die Handschuhe zu groß oder verschmutzt (ölig) sind.

PSA dient Ihrer eigenen Sicherheit!

Schutzhelm und Sicherheitsschuhe sind Standard, Kleidung auffällig und funktionell.

Schutzhandschuhe sind für diese Tätigkeit sinnvoll.

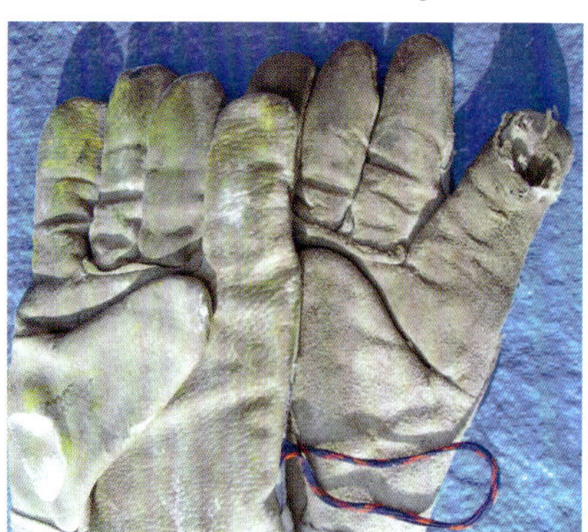

Diese Handschuhe sind kaputt und gehören in den Mülleimer.

In besonderen Gefahrenbereichen ist zusätzliche PSA vom Unternehmer zur Verfügung zu stellen, z. B. Gehörschutz in Lärmbereichen.

Behandeln Sie Ihre PSA sorgsam, beziehen Sie sie in die tägliche Einsatzprüfung mit ein und tauschen Sie sie aus, wenn sie nicht mehr intakt ist.

Wenn der Unternehmer es anordnet, ist das Tragen von PSA Pflicht!

So geht sicheres Arbeiten – nicht zuletzt im eigenen Interesse des Kranführers.

Gerade nachts kann der Einsatz reflektierender Kleidung lebenswichtig sein.

Tägliche Einsatzprüfung

Kontrollieren Sie täglich bei Arbeitsbeginn Ihren Ladekran sowie die Lastaufnahmeeinrichtungen.

Stellen Sie Mängel fest, die die Sicherheit beeinträchtigen, darf der Kran nicht in Betrieb genommen werden. **Mängel sind unbedingt dem Vorgesetzten zu melden.**

Findet ein Kranführerwechsel statt, sind die Mängel neben dem Aufsichtsführenden / Vorgesetzten auch dem Nachfolger („Ablöser“) zu melden.

Bei Defekten, die während des Kranbetriebes auftreten und festgestellt werden, ist der Kranbetrieb einzustellen und der Vorgesetzte zu informieren.

Kontrollieren Sie Ihren Kran durch **Sicht- und Funktionsprüfung** auf erkennbare äußere Mängel oder Schäden sowie Veränderungen des Kranes.

Überprüfen Sie die Funktion der Sicherheitseinrichtungen wie den **Not-Aus-Schalter.** Spricht er nicht an, dürfen Sie den Ladekran nicht in Betrieb nehmen.

Beim ersten Hubvorgang am Tag die Last zunächst nur gering anheben, dann stoppen (**Bremsprobe**). Die Last erst vollständig heben, wenn gewährleistet ist, dass die Kranbremse funktioniert.

Checklisten als Aufkleber vom Resch-Verlag machen die Prüfung einfach und sicher.

Auch das **Fahrzeug**, an dem der Kran befestigt ist, muss vor Inbetriebnahme einer Kontrolle unterzogen werden. Dies ist ausdrücklich in der UVV „Fahrzeuge“ DGUV V 70 im § 36 geregelt. Dort steht sogar: Prüfung „vor Beginn jeder Arbeitsschicht“, also bei Mehrschichtbetrieb auch mehrere Prüfungen täglich.

Das sollte auch für den Ladekran gelten. Ebenso ist es sinnvoll, nach längerer Arbeitsunterbrechung eine kurze Sicht- und Funktionsprüfung vorzunehmen.

Die täglichen Prüfungen sollten in einem Kontrollbuch **dokumentiert** werden. Dieses sollte sich immer im Fahrzeug befinden und das Prüfergebnis vom Fahrer unmittelbar nach der vorgenommenen Prüfung eingetragen werden.

Kranführer beim täglichen Check der Instrumente

Das Betriebs-Kontrollbuch kann auch unterstützend als Nachweis für die Nutzungszeit und als Wartungshilfe dienen.

Nur wenn alles in Ordnung ist, sollte mit der Arbeit begonnen werden!

Das Betriebs-Kontrollbuch für Ladekrane als Dokumentationsmöglichkeit für Fahrzeug und Kran

Bei ortsveränderlichen Kranen, die am jeweiligen Standort montiert, also auf- und abgebaut werden, was z. B. bei einem Lkw-Anbaukran der Fall sein kann, hat der Kranführer sogar die Verpflichtung, die Mängel in ein Kontrollbuch einzutragen – unabhängig von seiner Verpflichtung, die Mängel zu melden (DGUV V 52 § 30 Abs. 3).

Wahl des Aufstellungsortes

Der Aufstellungsort ist so zu wählen, dass eine sichere und vorschriftsmäßige Kranarbeit möglich ist. Alle Kranbewegungen, die für die konkrete Arbeit erforderlich sind, müssen ungehindert durchgeführt werden können.

Die Wahl des Aufstellungsortes umfasst unter anderem:

- Platz für die Abstützungen und ggf. Unterlegplatten einplanen.
- Ausreichende Tragfähigkeit des Bodens überprüfen (→ Seite 38).
- Sicherheitsabstände einhalten:
  - zu festen Teilen der Umgebung wie Gebäude 0,50 m
  - zu Personen 0,75 m
  - zu Gruben, Bodenöffnungen etc. (→ Seite 44)
- Ggf. einen zusätzlichen Sicherheitsabstand zu elektrischen Freileitungen (→ Seite 72) und Sendeanlagen (→ Seite 75) schaffen.
- Evtl. erforderliche Absperrmaßnahmen, z. B. im öffentlichen Verkehrsraum, durchführen.
  Achtung: Auch innerbetrieblich sind Arbeitsstellen abzusichern.

Sicherheitsabstand eingehalten

Achtung:
Elektrische Freileitungen!

Aufstellen eines Ladekranes

Bodenverhältnisse

Mit Ladekranen muss an ständig wechselnden Orten mit unterschiedlichen Bodenverhältnissen und Witterungsbedingungen gearbeitet werden.

Es gibt weiche und harte Böden. Auch kann sich der gleiche Boden z. B. nach längerem Regen oder bei Hitze verändern.

Ein sicheres Arbeiten ist nur dann gewährleistet, wenn der Boden mehr Druck nach oben ausüben kann, als auf ihm nach unten lastet.

Der Druck, den die Räder und Abstützungen von oben auf den Boden aufbringen, ist der **Stützdruck**. Der Druck, der dadurch im Boden entsteht, heißt **Bodenpressung**, auch Bodendruck genannt. Die **zulässige Bodenpressung** ist der maximale Druck, den ein Boden aushält und ab dem der Boden nachgibt. Wenn also der Stützdruck zu groß wird, sinkt die Stütze ein und der Kran kippt im schlimmsten Fall um.

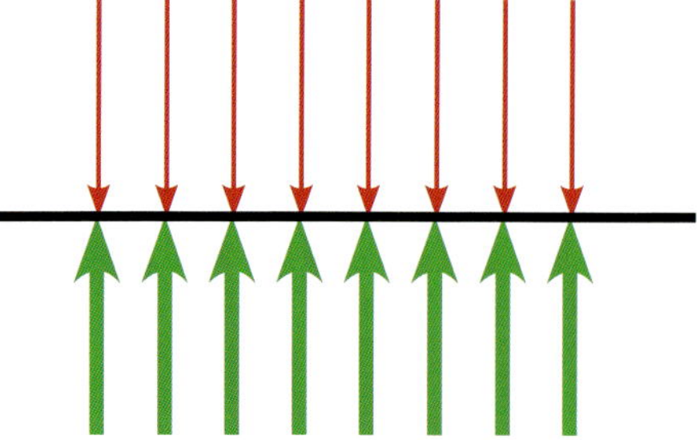

Ist der Boden nicht „stark" genug, ist es vorbei mit der Standsicherheit.

Durch die Verwendung von **Unterlegplatten** wird die Fläche vergrößert, über die sich die **Stützkraft** auf den Boden verteilt. Je größer diese sind, desto besser kann die Kraft, die auf den Boden wirkt, verteilt werden.

> **Achtung:**
> Bei weit ausgefahrenem Ausleger kann fast das komplette Gesamtgewicht auf nur einer Stütze lasten.

In der Tabelle sind die zulässigen Bodenpressungen für verschiedene Bodenarten aufgelistet. Für die Kranaufstellung ist es wichtig, wie viel Druck der Boden aushält, um zu wissen, wie groß die Unterlegplatten mindestens sein müssen, damit die Stützen nicht einsinken (Berechnung → Seite 39).

Es sind auch Böden in der Tabelle enthalten auf denen entweder gar nicht oder wenn, dann nur mit extrem großflächigen Unterbauten (z. B. große Unterlegplatten oder Aufschüttungen) gearbeitet werden darf, wie zum Beispiel breiiger Boden oder Schlamm.

Befestigte Oberflächen haben ca. 50-60 N / cm^2, ein Straßenbelag ca. 75-100 N / cm^2.

Zulässige Bodenpressung (Tragfähigkeit des Bodens) nach DIN 1054		
A	**Angeschütteter nicht künstlich verdichteter Boden**	0-10 N/cm²
B	**Gewachsener, offensichtlich unberührter Boden**	
	1. Schlamm, Torf, Moorerde	0 N/ cm²
	2. Nichtbindige, ausreichend fest gelagerte Böden:	
	Fein bis Mittelsand	15 N/ cm²
	Grobsand bis Kies	20 N/ cm²
	Schotter verdichtet	25 N/ cm²
	3. Bindige Böden:	
	breiig	0 N/ cm²
	weich	4 N/ cm²
	steif	10 N/ cm²
	halbfest	20 N/ cm²
	hart (fest)	40 N/ cm²
	4. Fels:	
	verwittert	100 N/ cm²

Tabelle: Zulässige Belastung des Baugrundes in Anlehnung an DIN 1054 (Sicherheitsnachweise im Erd- und Grundbau)

Achtung:
Bei großer Hitze (z. B. im Sommer) können auch Straßenbeläge „weich" werden.

Bei der Beurteilung der zulässigen Bodenpressung sollte im Zweifel immer der Vorgesetzte gefragt werden.

Berechnung der benötigten Abstützfläche

Der Hersteller des Lkw-Ladekranes gibt eine maximale **Stützkraft** an (in der Betriebsanleitung und durch einen Aufkleber an der Stütze). Die Stützkraft (in N) verteilt sich dann über die **Stützfläche** (in cm²) und erzeugt den **Stützdruck** (in N / cm²).

Unterlegplatten bestimmen, wie groß die Stützfläche ist. Sie müssen so groß sein, dass der Stützdruck kleiner ist als die zulässige Bodenpressung des Bodens (abzulesen in der Tabelle).

Einsatz von Unterlegplatten

Beispielberechnung:

- Ein Ladekran soll auf einer Baustelle abladen. Der Boden ist bindig und in halbfestem Zustand, z. B. Ton. Laut Tabelle DIN 1054 beträgt die **Bodenpressung 20 N/cm²**.
- Der Ladekran ist mit Abstützungen ausgerüstet, die pro Stütze eine **Stützkraft von 60 kN** haben (laut Betriebsanleitung des Herstellers).
- Die Kantenlänge der verwendeten Unterlegplatten beträgt 40 cm.

Reichen die vorhandenen Unterlegplatten als Abstützung aus, um nicht einzusinken?

Die erforderliche Abstützfläche errechnet sich wie folgt:

$$\text{Abstützfläche} = \frac{\text{Stützkraft}}{\text{Bodenpressung}} = \frac{60.000\ \text{N}}{20\ \text{N/cm}^2} = 3.000\ \text{cm}^2$$

Erläuterung zur Berechnung:

- Da die Bodenpressung in Tabellen in N/cm² angegeben ist, muss die Stützkraft von kN in N umgerechnet werden: 1 kN entspricht 1.000 N
- Manchmal finden sich aber auch Angaben in kg/cm² anstatt in N/cm², sodass z. B. die Bodenpressung von halbfestem bindigen Boden 2 kg/cm² entspräche (2 kg/cm² ⇨ 20 N/cm²). Dann muss aber auch über dem Bruchstrich eine Umrechnung in kg vorgenommen werden: 60.000 N ⇨ 6.000 kg.

Die Kantenlänge einer quadratischen Abstützung berechnet sich wie folgt:

$$\text{Kantenlänge x Kantenlänge} = \text{Kantenlänge}^2 = \text{Abstützfläche}$$
$$\text{Kantenlänge} = \sqrt{\text{Abstützfläche}} = \sqrt{3.000\ \text{cm}^2} = 54{,}77\ \text{cm}$$

Ergebnis: Unterlegplatten mit einer Kantenlänge von 40 cm genügen nicht! Der Kranführer darf seinen Kran so nicht aufstellen! Laut der Rechnung müsste eine quadratische Unterlegplatte eine Kantenlänge von mindestens 54,77 cm – aufgerundet also 55 cm aufweisen.

In der Praxis kann man sich diese Rechnung meist sparen, da es dafür Tabellen gibt:

Maximale Stützkraft	Zulässige Bodenpressung			
	10 N/cm²	20 N/cm²	30 N/cm²	40 N/cm²
	Erforderliche Abstützfläche			
10 kN	32 cm x 32 cm	23 cm x 23 cm	19 cm x 19 cm	16 cm x 16 cm
20 kN	45 cm x 45 cm	32 cm x 32 cm	26 cm x 26 cm	23 cm x 23 cm
30 kN	55 cm x 55 cm	39 cm x 39 cm	32 cm x 32 cm	28 cm x 28 cm
40 kN	64 cm x 64 cm	45 cm x 45 cm	37 cm x 37 cm	32 cm x 32 cm
50 kN	71 cm x 71 cm	50 cm x 50 cm	41 cm x 41 cm	36 cm x 36 cm
60 kN	78 cm x 78 cm	55 cm x 55 cm	45 cm x 45 cm	39 cm x 39 cm

Erforderliche Abstützflächen Wir nehmen immer die nächsthöhere angegebene max. Stützkraft.

Abstützplatten Abmessungen (L x B x H in cm)
30 x 30 x 4
40 x 40 x 4
50 x 50 x 4
60 x 60 x 6
80 x 80 x 6

Typische Abmessungen von Unterlegplatten

Anmerkung: Ein gängiges Maß für Unterlegplatten ist 60 x 60 x 6 cm. Diese Platten wären für unser Beispiel erforderlich.

Unterlegplatte für Fahrzeugkran

Großer Unterbau in mehreren Schichten

Um auf Nummer sicher zu gehen, sollte immer die vom Hersteller angegebene maximale Stützkraft bei der Berechnung verwendet werden, auch wenn nicht die volle Tragfähigkeit ausgeschöpft wird. Zudem sollte bei der Beurteilung des Bodens lieber von einem weicheren Boden ausgegangen werden, da es sich bei den Werten in der Tabelle nur um grobe Richtwerte handelt.

Geht man so vor, kann der Boden immer mehr Druck nach oben aufbringen als nötig und man steht auch bei plötzlich auftretendem Wind oder Schlaffseil standsicher.

Waagerechte Aufstellung

Ladekrane sind immer so aufzustellen, dass das Trägerfahrzeug **waagerecht** ausgerichtet ist.

Nicht waagerechte Ausrichtung des Fahrzeuges bedeutet Kippanfälligkeit, da der Schwerpunkt zur bergabwärts gelegenen Kippkante „wandert".

Die Hersteller machen Vorgaben, inwieweit maximal von einer waagerechten Aufstellung abgewichen werden darf (s. Betriebsanleitung). Diese Werte dürfen nicht überschritten werden.

Beispiel aus einer Betriebsanleitung:
„Die Neigung des Fahrzeuges darf in keiner Richtung 3° übersteigen."

Die Kranabstützungen sind einzusetzen und zwar alle und auf die vom Hersteller vorgesehene Abstützbreite auszuziehen.

Sie sind gegen Lageveränderungen **zu sichern** und je nach Bodenbeschaffenheit mit **Unterlegplatten** zu unterbauen.

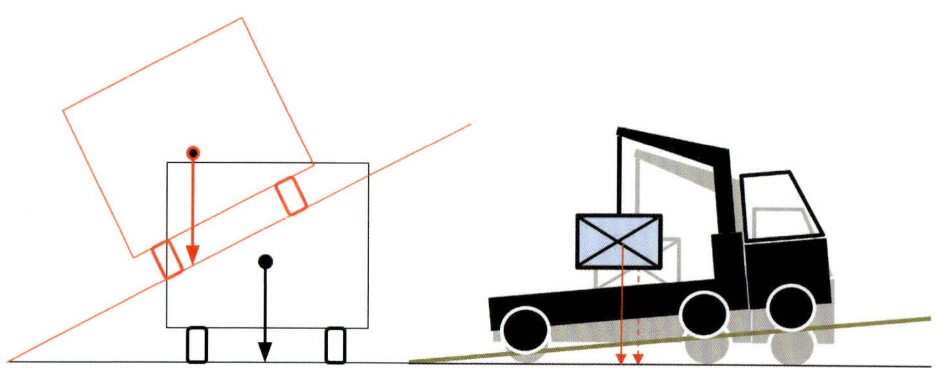

„Wanderung" des Schwerpunktes zu den Kippkanten bei nicht waagerechter Aufstellung der Maschine

Achtung:
Werden die Abstützungen nicht vollständig zur Seite ausgefahren, ist die notwendige Standsicherheit nicht gegeben und das Fahrzeug kann schlimmstenfalls umkippen.

Das hängt damit zusammen, dass die Standfläche sich verkleinert und dadurch die Kippkanten weiter nach innen rücken – dadurch wird das Fahrzeug kippanfälliger.

Einsatz von Abstützungen bei einem Anhänger mit Ladekran

Stützen vollständig ausgefahren und trotz fester Oberfläche des Bodens mit zusätzlichen Unterlegplatten versehen. – Auf Nummer sicher gehen schadet nie!

Zusätzlich muss das Fahrzeug ausreichend gegen Wegrollen gesichert werden, z. B. durch Unterlegkeile beidseitig unter einer nicht gelenkten Achse (DGUV V 70 § 55). Die Abstützungen alleine sind keine bestimmungsgemäße Sicherung gegen Wegrollen und dienen nur dem Niveauausgleich.

Nachjustieren bei Be- und Entladung

Bei Ladevorgängen kann es erforderlich sein, die Abstützungen **nachzujustieren.**

Wenn das Trägerfahrzeug **entladen** wird, verliert es an Gewicht und kann sich damit aus der Federung heben, sodass die Stützen entlastet werden und den Bodenkontakt verlieren. Folglich müssen die Stützen „nachgedrückt" werden.

Beim **Beladevorgang** passiert genau das Gegenteil: Das Fahrzeug gewinnt an Gewicht und wird in die Federn gedrückt. Die Stützen müssen entlastet werden, da sonst auf ihnen und auch auf dem Boden zu viel Druck lastet. Das kann auch dem Rahmen des Trägerfahrzeuges schaden.

Achtung:
Ein Nachjustieren der Stützen immer erst nach Absetzen der Last vornehmen.

Aufstellung an Böschungen, Baugruben, Gräben, Bodenöffnungen, Vertiefungen

Gerade auf Baustellen wird häufig an Baugruben oder Gräben gearbeitet. Hier muss der **Untergrund ausreichend tragfähig** sein. Da das am Rand einer Böschung nicht gegeben ist, müssen Sicherheitsabstände beim Aufstellen eingehalten werden, damit der Boden nicht plötzlich abrutscht.

Es gelten folgende Mindestabstände zu den Böschungs- / Grubenrändern je nach Gesamtgewicht:

- Fahrzeuge ≤ 12 t = 1 m
- Fahrzeuge > 12 t (bis 40 t) = 2 m
- Fahrzeuge > 40 t: statische Berechnung

Der folgende Böschungswinkel (β) darf jeweils nicht überschritten werden:

- nicht erdige oder weiche, bindige Böden (z. B. Sand, Steine, Kies): 45°
- steife oder halbfeste bindige Böden (z. B. Lehm oder Ton): 60°
- Fels: 80°

Böschungswinkel „β", einzuhaltender Sicherheits- / Schutzabstand (nach DIN 4124)

Sicherheitsabstand

β

Beim Einsatz von Abstützungen auf weichen Böden (z. B. Sand, Kies oder Naturböden) sind **Unterlegplatten** zu verwenden, um die Auflagefläche zu vergrößern (→ Seite 38).

Die Abstände bei **verbauten Baugruben und Gräben** (sog. waagerechter Normverbau) lauten:

- Fahrzeuge ≤ 12 t = 0,6 m
- Fahrzeuge > 12 t = 1,0 m

(s. DIN 4124).

Achtung:
Böschung und Naturboden – eine gefährliche Kombination!

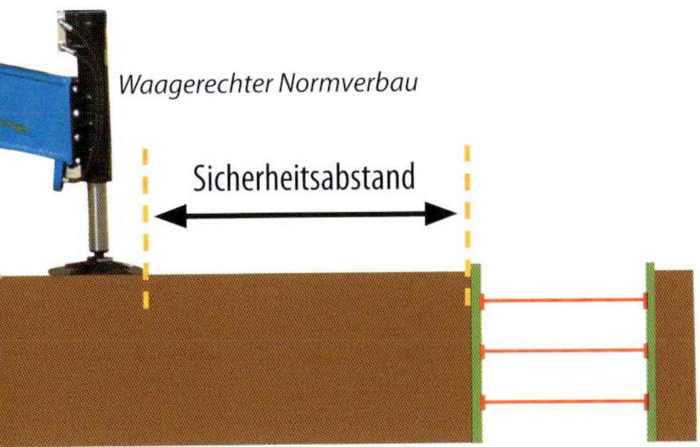

Bodenöffnungen und Vertiefungen sollten abgedeckt oder verfüllt werden. Besteht Gefahr für Personen, ist mit einer Umwehrung abzusichern.

Soll die Maschine auf einer Abdeckung abgestellt werden, muss diese ausreichend tragfähig sein.

Waagerechter Normverbau

Fehler bei der Abstützung

Auch wenn der Boden richtig eingeschätzt und ausreichend große Unterlegplatten verwendet werden, kann es noch zu Fehlern kommen, die die gesamte gute Vorbereitung zunichte machen.

Ein Stützteller kann seine Stützkraft nicht optimal entfalten, wenn er nicht **mittig** auf die Unterlegplatte gesetzt wird. Auch wenn Stützteller oder Unterlegplatte nur teilweise (z. B. auf einem Bordstein) aufliegen, wird nicht die ganze Fläche genutzt.

Das ist nicht optimal.

Ein **schräges Abstützen** z. B. auf dem Bordstein ist extrem gefährlich, da der Stützteller oder die Unterlegplatte verbiegen oder sogar brechen können.

Kanal-, Gulli- oder Schachtdeckel sind ebenso ungeeignete Abstützflächen wie Ablaufrinnen. Die Abstützung sollte auch nicht direkt daneben aufgestellt werden, denn ggf. trägt auch hier der Boden nicht ausreichend.

Weitere Fehler sind das Platzieren der Stützen auf einer zu schrägen Ebene oder über Hohlräumen. Auch die Gefahr der Unterspülung bei Regen muss immer bedacht werden.

So sind die Abstützungen sicher unterbaut – nämlich mittig platziert.

Sicherer Kranbetrieb

Solange eine Last am Ladekran hängt, hat der Kranführer die Steuereinrichtung in den Händen zu halten, egal ob er mit Fernsteuerung arbeitet oder einen Fahrersitz oder -stand hat.

Er muss bei allen Kranbewegungen die Last sowie die Lastaufnahmeeinrichtung beobachten (DGUV V 52 § 30).

Hat er keine ausreichende Sicht, darf der Kranführer den Ladekran nur **auf Zeichen oder Funkkommandos eines Einweisers** steuern (→ Seite 53).

Schlägt der Ladekranführer die Last nicht selbst an, darf er die Last erst **auf ausdrückliche Anweisung des Anschlägers heben**. Dies hat durch eindeutige Zeichen zu geschehen (→ Seite 54 f.).

Ist etwas unklar, darf nicht gehoben werden!

Pause machen ist wichtig – aber nicht mit Last am Haken.

Das Trägerfahrzeug darf nicht mit angehobener Last verfahren werden. Dabei kann das Fahrzeug samt Kran zu leicht umkippen. Für die Bewegung der Last ist einzig und alleine der Kran konstruiert.

Lkw-Ladekrane sind zum Senkrechthub vorgesehen. Deshalb ist

- **Drücken / Ziehen,**
- **Schleifen,**
- **Schrägziehen** und
- **Losreißen**

von Lasten **verboten**, da dabei zusätzliche horizontale Kräfte wirken, die die Kippgefahr deutlich erhöhen (Ausnahmen sind Abschleppkrane und Lkw-Langholzladekrane → Seite 76 und 78).

Dieser Langholzladekran erlaubt gegenüber dem „klassischen" Lkw-Ladekran zusätzliche Arbeiten.

Entweder das Fahrzeug fährt oder der Kran arbeitet – beides zusammen geht nicht. Hier der Lkw-Ladekran in Fahrstellung.

Zusammenfassung einiger Grundregeln für einen sicheren Kranbetrieb:

- **Kran abstützen!** Ohne Abstützung darf nicht gearbeitet werden! (Ausnahme: Wenn der Hersteller dies erlaubt.)
- Das Fahrzeug **nicht vollständig freiheben**, die Räder dienen neben den Abstützungen als zusätzliche Stabilisierung.
- Bei Fernsteuerung den Kran nicht von der „Ablageseite" des Auslegers aus bedienen, sondern von der gegenüber liegenden Seite.
- **Sicherheitsfunktionen testen**, z. B. Not-Aus-Schalter.
- Beim 1. Hub **Bremsprobe** machen, d. h. Last geringfügig anheben, dann den Hubvorgang stoppen.
- Wenn keine Sicht auf den Abstellplatz vorhanden ist: **Einweiser** hinzuziehen.
- Last **sicher anschlagen**. Wenn die Last durch einen Anschläger angeschlagen wird, erst auf dessen Zeichen hin anheben.
- Last ruhig führen und sicher abstellen.
- Solange Last am Haken hängt, darf der Kranführer seinen Steuerstand nicht verlassen.
- Keine Personen im Gefahrenbereich dulden.
- Mit Lasten nicht über Personen schwenken.

Arbeitsbereich – Schwenkbereich – Gefahrenbereich

Der **Arbeitsbereich** einer Maschine ist dort, wo mit ihr gearbeitet wird – also der Bereich, in dem

- die Maschine abgestellt ist,
- die Abstützungen positioniert sind (inkl. Unterlegplatten),
- der Ausleger geschwenkt wird,
- die Last aufgenommen bzw. abgesetzt wird.

Der Kranführer steht mit seiner Steuereinheit vorschriftsgemäß außerhalb des Gefahrenbereichs.

Der **Schwenkbereich** ist der maximale Bereich, in dem der Ausleger ausgefahren und einmal rings herum geschwenkt werden kann.

Der **Gefahrenbereich** ist der gesamte Bereich, in dem von der Kranarbeit Gefahren ausgehen können. Dieser geht oft über den Schwenkbereich hinaus, wie folgende Beispiele zeigen:

1. Beispiel:

Wird eine **hängende Last** aufgenommen und der Kran gedreht, entstehen Fliehkräfte: Die Last bewegt sich nach außen. Dieser (zusätzliche) Bereich muss beim Abstandhalten zur Maschine bzw. bei der Absperrung berücksichtigt werden.

2. Beispiel:

Ein Ladekran nimmt **Schüttgut** mit einer Schaufel auf. Bei einer Drehung kann durch die Fliehkraft Schüttgut verloren gehen und weiter fliegen als der Schwenkbereich. Deshalb sollte die Schaufel nicht über den Rand beladen werden.

Greifer – „den Mund aber bitte nicht zu voll nehmen".

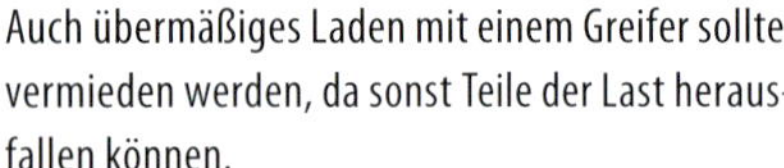

Auch übermäßiges Laden mit einem Greifer sollte vermieden werden, da sonst Teile der Last herausfallen können.

3. Beispiel:

Ein Ladekran mit Arbeitskorb wird für Baumschnitt- oder **Baumfällarbeiten** eingesetzt. Der Bereich wo die Äste oder der Baum hinfallen können, gehört zum Gefahrenbereich und kann weit über Abstell- und Schwenkbereich hinausgehen.

Auch für diesen Bereich ist der Kranführer verantwortlich. Es gilt ihn zu sichern, z. B. durch Absperrmaßnahmen wie Verkehrsleitkegel und rot-weißes Flatterband. Der Absperrbereich sollte so groß gewählt werden, dass er der doppelten Länge der abzuschneidenden Äste entspricht.

Achtung: Auch der Bereich, wo die Äste hinfallen können, ist ein Gefahrenbereich.

Der Kranführer muss das „Ganze" im Blick haben.

Am besten ist es, eine Aufsichtsperson am Boden abzustellen – insbesondere dann, wenn rund um den Arbeitsbereich reger „Publikumsverkehr" herrscht (wie in öffentlichen Waldgebieten oder Grünanlagen).

Für denjenigen, der die Baumfällarbeiten durchführt und mit einer Motorsäge hantiert, gilt:

- Nur ein ausgebildeter Motorsägenführer (mit Befähigungsnachweis) darf dies.
- Nie ohne spezielle PSA wie Schnittschutzbekleidung, Schutzhelm, Gesichtsschutz, Gehörschutz, Handschutz und Schnittschutzstiefel!

4. Beispiel:
Beim Arbeiten mit einem Langholzladekran ist die Länge des gesamten Holzstammes und der Bereich, in dem er geschwenkt wird, ein Gefahrenbereich, wo sich Personen nicht aufhalten dürfen.

Deshalb muss der Kranführer auch den gesamten Gefahrenbereich stets im Auge haben.

Ggf. ist der Gefahrenbereich **abzusperren** oder durch eine **Aufsichtsperson** zu kontrollieren. Diese Aufsichtsperson sollte durch auffällige Kleidung (z. B. Warnweste) für jeden sofort erkennbar sein.

Bei Arbeiten frühmorgens, in der Dämmerung oder bei Dunkelheit ist der Arbeitsbereich ausreichend auszuleuchten und von den Arbeitern reflektierende Kleidung zu tragen (→ Seite 32).

Vorsicht vor allem bei Hebevorgängen, die sich im öffentlichen Verkehrsraum abspielen – hier dürfen sich keine Personen aufhalten. Deshalb: absperren oder Aufsichtsperson abstellen.

Personen im Umfeld des Kranes

Kranarbeiten sind gefährlich, weshalb unbeteiligte Personen in ihrer Nähe nichts zu suchen haben.

Unter einer schwebenden Last haben Personen nichts verloren, das gilt auch für den Kranführer.

Einsatz einer kraftschlüssigen Steinklammer

Erkennt der Ladekranführer Menschen im Gefahrenbereich seines Kranes, hat er **Warnzeichen** zu geben und notfalls die **Arbeit einzustellen** – solange sich die Personen dort aufhalten.

Er muss sich immer vor Augen halten, dass er die Verantwortung für seinen Kran, den Hebevorgang und die dadurch entstehenden Gefahren trägt.

Mit Verkehrsleitkegeln gekennzeichneter Arbeitsbereich des Kranes. Hier herrscht absolutes Aufenthaltsverbot während des Hebevorganges.

Lasten über Personen

Das Schwenken mit Last oder Lastaufnahmeeinrichtungen über Personen ist ein sehr gefährlicher Vorgang und sollte deshalb nicht stattfinden. Der Ladekranführer kann dies z. B. durch das Anordnen eines Aufenthaltsverbotes für den Schwenkbereich während des Schwenkvorganges verhindern. Die davon betroffenen Personen sollten im Interesse ihrer eigenen Gesundheit dem auch Folge leisten.

Absperrmaßnahmen sind eine sinnvolle Alternative, solange sie nicht umgangen werden, z. B. durch Übersteigen von gespanntem Flatterband. Das kann durch eine Aufsichtsperson am Einsatzort gewährleistet werden.

Achtung:
Auch die Aufsichtsperson darf sich nicht im Gefahrenbereich aufhalten.

Findet ein Hebevorgang mit **kraftschlüssigen Lastaufnahmemitteln** statt (→ Seite 59), darf der Kranführer nicht ohne zusätzliche Sicherung über Personen hinwegschwenken. Dies kann z. B. ein Netz, ein Korb oder eine andere Unterfangung der Last sein.

Es gilt der Grundsatz:
Ist das Schwenken über Personen vermeidbar, muss es vermieden werden.

Arbeiten mit Hilfspersonen (Einweiser, Anschläger)

Der Ladekranführer muss **ausreichende Sicht** auf seinen Arbeitsbereich haben – also Fahrzeug, Kran, Lastaufnahmemittel und Last sehen können. Wenn diese Sicht nicht gegeben ist, braucht der Kranführer einen **Einweiser** als Hilfsperson.

Dieser ist klar und eindeutig als solcher zu bestimmen. Der Einweiser sollte eine vertrauenswürdige Person sein, die sich im Betrieb von Kranen auskennt, im besten Fall ist er ebenfalls Kranführer.

Häufig schlägt der Ladekranführer die Lasten selbst an. Dies kann oder muss in manchen Situationen aber ebenfalls durch eine Hilfsperson, den **Anschläger**, durchgeführt werden, z. B. wenn der Kranführer auf einem Steuerstand sitzt. Der Anschläger muss im Anschlagen von Lasten unterwiesen sein und dem Kranführer namentlich benannt werden.

Der Kranführer darf die Last erst auf ausdrückliche Anweisung des Anschlägers anheben. Erkennt der Kranführer, dass eine Last unsachgemäß angeschlagen wurde, darf er diese nicht heben bzw. ist der Hebevorgang abzubrechen.

Der Kranführer handelt erst auf ausdrückliche Anweisung des Einweisers.

Einweiserzeichen aus der Arbeitsstättenrichtlinie ASR 1.3 „Sicherheits- und Gesundheitskennzeichnung“

Anfang / Achtung / Vorsicht

Halt / nicht weiterbewegen

Halt / Gefahr

Langsam

Heben / auf

Senken / ab

Abfahren

Heranfahren

Entfernen

Rechts fahren

Links fahren

Abstandsverringerung anzeigen

Quelle: BG RCI

Diese Arbeit geht nicht ohne zweite Person – beide müssen sich aufeinander verlassen können und sich miteinander verständigen.

Bei der Arbeit mit Einweisern und Anschlägern ist eine **eindeutige Verständigung** enorm wichtig. Vor dem ersten Hub müssen eindeutige **Zeichen** vereinbart werden, damit keine Missverständnisse entstehen. Soll eine Einweisung per Handy oder Funk geschehen, sind vorher die genauen Begriffe, die verwendet werden, und ggf. auch die Sprache, in der die Anweisungen erfolgen, festzulegen.

Es ist darauf zu achten, dass möglichst immer nur eine Hilfsperson mit dem Kranführer kommuniziert, ansonsten entstehen schnell Unklarheiten. Wenn mehrere Hilfspersonen nötig sind, muss man sich ganz genau aufeinander abstimmen und die Rollen verteilen, z. B. schlägt Person A ausschließlich an und Person B gibt die Hubanweisungen.

Witterungseinflüsse

Gehen von der Witterung Gefahren aus, ist der Kranbetrieb einzustellen.

Dies gilt:

- bei festgefrorenen Lasten, sei es miteinander oder am Boden. Last nicht losreißen;
- bei vereisten Fahrbahnen, Gleisen und Bremsen sowie unterspülten Standorten;
- bei Regen oder Nebel, wenn die Sicht auf das Arbeitsfeld nicht gegeben ist;
- bei herannahenden Gewittern oder Unwettern;
- bei großem **Windeinfluss.**

Bestimmte Einsatzbereiche sind naturgegeben „windreich", z. B. Häfen, Berge oder Brücken – vor allem zu bestimmten Jahreszeiten, wie im Herbst.

> **Achtung:**
> Auch verengte Straßenbereiche können Gefahren bergen (Kamineffekt) oder wenn mit ausgefahrenem Ausleger in großer Höhe gearbeitet wird.

Auszug aus einer Betriebsanleitung: *„Ab Windgeschwindigkeiten von 50 km/h ist sicheres Arbeiten mit dem Kran nicht mehr gewährleistet. Wird diese Windgeschwindigkeit erreicht, so darf der Kranbetrieb nicht aufgenommen werden oder ist einzustellen."*

Wie man der nachfolgenden Beaufort-Skala entnehmen kann, entspricht dies dem Beginn der Windstärke 7. Es wird aber empfohlen, bereits ab Windstärke 6 die Kranarbeit einzustellen und zwar schon bei einzelnen **Böen der Stärke 6**. Je größer die Windangriffsfläche der Last ist, desto früher muss die Arbeit eingestellt werden. Großflächige und zudem relativ leichte Lasten geraten durch Wind leicht ins Pendeln und können den Kran zum Umsturz bringen.

Für den Fall, dass es keinen Windmesser (Anemometer) am Kran oder vor Ort gibt, gibt die Beaufort-Skala Anhaltspunkte dafür, welche Windstärke vorliegt.

Auch dort oben ist mit Windeinfluss zu rechnen.

Windstärke		Windgeschwindigkeit		Auswirkung des Windes im Binnenland
Beaufort-grad	Bezeich-nung	m/sec	km/h	
0	Wind-stille / Flaute	0 – 0,2	1	Keine Luftbewegung, Rauch steigt lotrecht empor
1	leiser Zug	0,3 – 1,5	1 – 5	Kaum merklich, Windrichtung wird nur durch Zug des Rauches angezeigt, aber nicht durch Windfahnen
2	leichte Brise	1,6 – 3,3	6 – 11	Wind im Gesicht spürbar, Blätter rascheln
3	schwache Brise	3,4 – 5,4	12 – 19	Wimpel werden gestreckt, Blätter und dünne Zweige bewegen sich
4	mäßige Brise	5,5 – 7,9	20 – 28	Zweige und dünnere Äste bewegen sich, Staub und loses Papier werden vom Boden gehoben
5	frische Brise	8 – 10,7	29 – 38	Kleinere Laubbäume beginnen zu schwanken
6	starker Wind	10,8 – 13,8	39 – 49	Starke Äste bewegen sich, hörbares Pfeifen an Drahtseilen / Überlandleitungen
7	steifer Wind	13,9 – 17,1	50 – 61	Große Bäume schwanken, fühlbare Hemmung beim Gehen gegen den Wind
8	stürmischer Wind	17,2 – 20,7	62 – 74	Zweige brechen von den Bäumen, Gehen im Freien erheblich erschwert
9	Sturm	20,8 – 24,4	75 – 88	Kleinere Schäden an Häusern (Dachziegel und Rauchhauben werden von den Dächern gehoben), beim Gehen im Freien erhebliche Behinderung
10	schwerer Sturm	24,5 – 28,4	89 – 102	Bäume werden entwurzelt, bedeutende Schäden an Häusern
11	orkanartiger Sturm	28,5 – 32,6	103 – 117	Heftige Böen, schwere Sturmschäden, Dächer werden abgedeckt, Gehen im Freien ist unmöglich
12	Orkan	32,7 – 36,9	118 – 133	Schwerste Sturmschäden und Verwüstungen

Beaufort-Skala

Anschlagen von Lasten

Lastaufnahmeeinrichtungen

Lastaufnahmeeinrichtungen sind:

- Tragmittel
- Anschlagmittel
- Lastaufnahmemittel.

Tragmittel sind mit dem Hebezeug (Ladekran) dauerhaft verbundene Einrichtungen zum Aufnehmen von Lastaufnahmemitteln, Anschlagmitteln oder Lasten.
Beispiele:

- Kranhaken
- Drahtseile / Verbindungen von Kran zu Kranhaken
- fest eingebaute Greifer, Traversen, Zangen.

Anschlagmittel sind nicht zum Kran gehörende Einrichtungen, die eine Verbindung zwischen Tragmittel und Last bzw. Lastaufnahmemittel herstellen.
Beispiele:

- Ketten
- Seile
- Hebebänder und Rundschlingen
- Zubehörteile wie Schäkel.

Lastaufnahmemittel sind nicht zum Kran gehörende Einrichtungen, die zum Aufnehmen der Last mit dem Tragmittel oder Anschlagmittel verbunden werden können.
Beispiele:

- Greifer, Klauen, Kübel, Magnete, Zangen.

Anbaukran mit „Standard"-Tragmittel Kranhaken

Hebevorgang mit einer Kombination von Anschlagmitteln: Kette und Hebeband

Greifer als Lastaufnahmemittel am Lkw-Ladekran

Formschlüssige Palettengabel

Es gibt formschlüssige und kraftschlüssige Lastaufnahmemittel.

Unter **Formschluss** versteht man, wenn die Last auf dem Lastaufnahmemittel steht oder durch seine Form gehalten wird (umfasst, umschlossen oder unterfasst).

Kraftschlüssig ist ein Lastaufnahmemittel, wenn die Last durch eine ständige zusätzliche Kraft gehalten wird, z. B. durch Reibung, Vakuum oder Magnet.

Die Lastaufnahmeeinrichtungen unterliegen – wie der Kran selbst – der täglichen Einsatzprüfungspflicht des Kran-

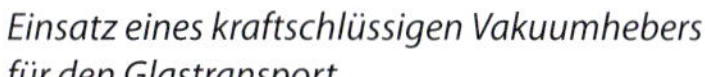

Einsatz eines kraftschlüssigen Vakuumhebers für den Glastransport

führers (→ Seite 35) und müssen zudem mindestens einmal jährlich durch eine zur Prüfung befähigte Person/einen Sachkundigen geprüft werden (→ Seite 87).

Auswahl von Anschlagmitteln

Bei Ladekranen im Lasthakenbetrieb werden zum Anhängen von Lasten Anschlagmittel verwendet. Dies sind Anschlagketten, -seile oder Hebebänder/Rundschlingen.

Schlägt der Ladekranführer die Last selbst an, ist er auch für den Einsatz des richtigen Anschlagmittels verantwortlich.

Nicht jedes Anschlagmittel ist für jede Aufgabe geeignet. Gefahren können durch

- falsche Auswahl,
- beschädigte oder ablegereife Anschlagmittel,
- unsachgemäßes Anschlagen

entstehen.

Ketten sind für das Heben heißer Lasten geeignet sowie für Lasten mit nicht rutschigen Oberflächen (wegen der sonst geringen Reibung).

Hebebänder und Rundschlingen eignen sich gerade für Lasten mit rutschiger oder auch empfindlicher Oberfläche. Sie mögen aber keine Hitze.

Naturfaser- und Chemiefaserseile sind ebenfalls für Lasten mit empfindlicher oder rutschiger Oberfläche geeignet. Ansonsten eignen sie sich für relativ leichte Lasten sowie für Lasten mit druckempfindlicher Oberfläche.

Achtung:
Anschlagmittel nicht über scharfe Kanten spannen oder ziehen! Gefahr von Quetschungen, Knicken, Anschnitten (Kerbwirkung)!

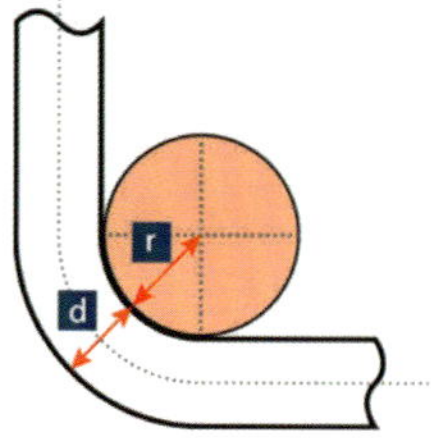

Definition:

Scharf ist eine Kante, wenn der Kantenradius „r" an der Last kleiner ist als die Nenndicke „d" der Rundstahlkette, der Durchmesser des Seiles bzw. die Dicke des Hebebandes.

Entschärfen Sie scharfe Kanten durch:

- Kantenschoner
- Seilrollen
- Kunstoffhüllen oder Kauschen.

Auch **Schäkel** können wie eine scharfe Kante wirken, wenn sie zu klein für das verwendete Anschlagmittel sind.

Denken Sie daran, dass auch die obere Kante einer Last wie ein Messer wirken kann, nicht nur die untere.

Im Zweifel lieber ein Anschlagmittel der höheren Belastungsstufe wählen.

Mit Hebebändern angeschlagene Last unter Vermeidung von scharfen Kanten

Kantenschoner zum Schutz von Anschlagmittel und Last vor einer scharfen Kante

Vor dem Anschlagen

Bevor mit dem Ladekran eine Last angeschlagen wird, sind folgende Überlegungen anzustellen:

- Wie schwer ist die Last und wo liegt ihr Schwerpunkt (→ Seite 27)?
  Lässt sich auf der Last (z. B. durch einen Aufdruck) oder aus den Begleitpapieren (Frachtpapiere) nichts entnehmen, muss im Zweifel beim Verantwortlichen vor Ort oder dem Absender der Last nachgefragt werden – nicht „blind" heben!
  Insbesondere bei asymmetrischen Lasten ist Vorsicht geboten, also bei Lasten, die ihren Schwerpunkt nicht mittig haben.
- Gibt es Anschlagpunkte an der Last?
- Sind die Anschlagmittel in Ordnung?
  Vor dem Einsatz eine Sicht- und Funktionsprüfung durchführen. Entsteht ein Schaden durch ein defektes Anschlagmittel (z. B. durch Reißen), den der Kranführer hätte erkennen können, kann er dafür haften.

Last mit 4 verschraubten Anschlagpunkten versehen, an denen das Anschlagmittel – hier Kette – direkt angeschlagen wird.

- Welche Tragfähigkeit hat das Anschlagmittel? Auch Anschlagmittel haben Betriebsanleitungen, die der Kranführer/Anschläger kennen muss. Die Tragfähigkeit des Anschlagmittels ist abhängig von
  - der Anschlagart
  - der Anzahl der Anschlagmittelstränge
  - dem Neigungswinkel der Anschlagmittelstränge.
- Welche **Anschlagart** wähle ich?

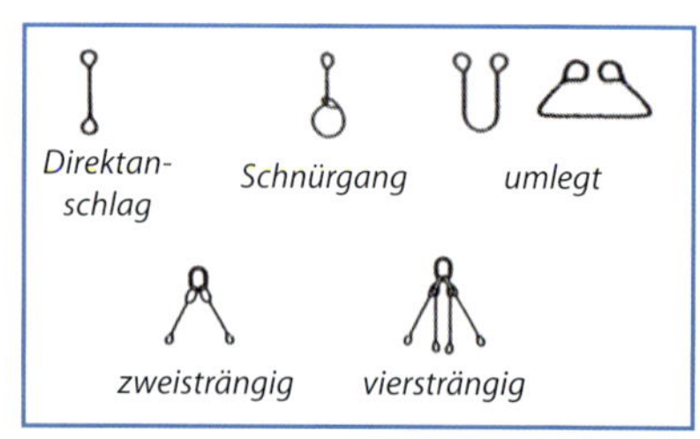

Aus DGUV I 209-061 S.14

Bei mehrsträngigem Direktanschlag die Hakenöffnungen immer nach außen, damit sich die Haken nicht lösen können.

Hier gibt der Staplerhersteller bestimmungsgemäß ein Anschlagen am Hubmast vor.

Im abgebildeten Schnürgang muss die Tragfähigkeit um 20 % reduziert werden.

Neigungswinkel

Bei einem zwei- oder mehrsträngigem Anschlag wird die Last unter einem Winkel angeschlagen. Je größer der Winkel ist, desto weniger Gewicht kann gehoben werden, da die Anschlagmittelstränge stärker belastet werden.

Ausschlaggebend ist der sog. **Neigungswinkel**. Das ist der Winkel zwischen Anschlagmittelstrang und einer lotrecht gedachten Linie am Anschlagpunkt.

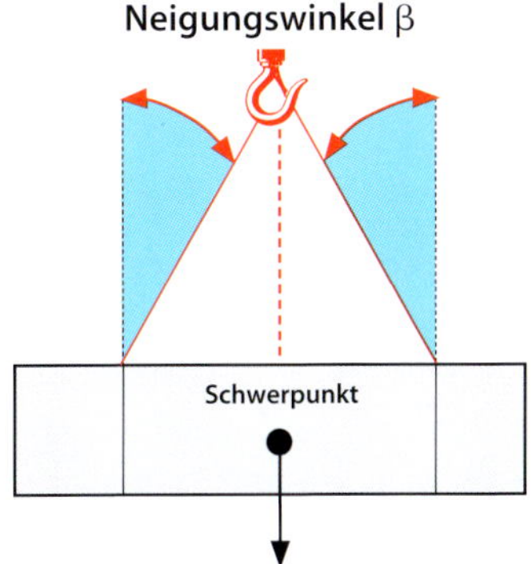

Ein Neigungswinkel von 60° darf nicht überschritten werden!

Wird drei- oder viersträngig angeschlagen, dürfen aus Sicherheitsgründen immer nur 2 Stränge als tragend angenommen werden, wenn nicht sichergestellt werden kann, dass sich das Gewicht der Last gleichmäßig auf alle Stränge verteilt.

Die **Tragfähigkeit** der Anschlagmittelstränge ergibt sich aus der Betriebsanleitung der Anschlagmittel, aus Tragfähigkeitsanhängern oder aus Belastungstabellen (DGUV I 209-021). Letztere sollten im Fahrzeug / beim Kran vor Ort vorhanden sein. Wie in der Tabelle zu erkennen ist, ist die Tragfähigkeit geringer bei größerem Neigungswinkel.

Ketten-Nenndicke	Tragfähigkeit in kg (direkt angeschlagen)				
	Einzelstrang	Doppelstrang mit Neigungswinkeln von		Drei- und Vierstrang mit Neigungswinkeln von	
		0° bis 45°	45° bis 60°	0° bis 45°	45° bis 60°
mm					
8	1 000	1 400	1 000	2 120	1 500
10	1 600	2 240	1 600	3 250	2 360
13	2 650	3 750	2 650	5 600	4 000
16	4 000	5 600	4 000	8 500	6 000
18	5 000	7 100	5 000	10 600	7 500
20	6 300	8 500	6 300	13 200	9 500
23	8 000	11 800	8 000	17 000	12 500
26	10 600	15 000	10 600	22 400	16 000
28	12 500	17 000	12 500	25 000	18 000
32	16 000	22 400	16 000	33 500	23 600
36	20 000	28 000	20 000	42 500	30 000
40	25 000	35 500	25 000	53 000	37 500
45	31 500	45 000	31 500	67 000	47 500

Belastungstabelle aus DGUV I 209-021

4-Strang-Anschlag im Hängegang unter Beachtung des zulässigen Neigungswinkels

Hier lasten unterschiedlich hohe Kräfte auf den 4 Anschlagmittelsträngen. Deshalb dürfen nur 2 Stränge als tragend angenommen werden.

Last korrekt angeschlagen und nicht an der Umschnürung.

Besonderheiten

Ein Anschlagen im Hängegang, bei dem das Anschlagmittel nur umgelegt wird, sollte nur bei großstückigen Lasten erfolgen und nur dann, wenn die Last sich nicht verbiegen und ein Zusammenrutschen der Anschlagmittel ausgeschlossen ist.

Eine Last, die aus mehreren Teilen besteht, sollte nur dann gehoben werden, wenn die Teillasten untereinander gesichert sind, z. B. durch Umschnürung.

Achtung:
Mit dem Lasthaken nicht direkt an der Umschnürung anschlagen, denn diese dient nur dazu, die Last zusammenzuhalten.

Die Last darf jedoch kurz angehoben werden, damit das Anschlagmittel um die Last herum gelegt werden kann. Man spricht vom „Anliften" der Last.

Sicherer Transport von Einzelteilen in einer Gitterbox

Keine ungesicherten Einzelteile oder losen Teile wie Schrauben oder Werkzeuge auf der eigentlichen Last mittransportieren. Solche Gegenstände am besten in kranbaren Gitterboxen oder anderen kranbaren Behältern transportieren. Die Boxen / Behälter nicht überlasten oder über den oberen Rand hinaus laden.

Aufbewahrung von Anschlagmitteln

Anschlagmittel sicher und sauber aufbewahrt in einem Container auf einer Baustelle – so auch gegen Diebstahl geschützt.

Anschlagmittel sind vor **Witterungseinflüssen** zu schützen. Regen und Schnee „nagen" besonders an Naturfaserseilen. Am besten sind Anschlagmittel in schwach beheizten Räumen, geschützt gegen mechanische Beschädigungen und vor Sonneneinstrahlung zu lagern, aber nicht in der Nähe von Feuer und anderen heißen Stellen.

Besonders geschützt werden müssen Anschlagmittel vor **aggressiven Stoffen**. Säuren, Laugen und Chlor sind ihre ärgsten Feinde.

Bei ihrer Lagerung ist für ausreichende **Belüftung** zu sorgen. So werden u. a Rost und Schimmelpilzbefall vermieden.

Anschlagmittel dürfen – was besonders auf Baustellen leider öfter zu beobachten ist – nicht so auf dem Boden gelagert werden, dass eine Beschädigung droht, z. B. durch Drauftreten oder sogar Überfahren mit Baumaschinen.

Sollen sie nach Verschmutzung gereinigt werden, ist ein **geeignetes Reinigungsmittel** zu verwenden (Betriebsanleitung des Herstellers beachten), ggf. Reinigung nur mit Wasser.

Ablegereife

Vor jedem Einsatz ist das Anschlagmittel zu checken. Werden dabei Schäden festgestellt, darf es nicht zum Einsatz kommen.

Solche Schäden können sein:

Bei Ketten:

- Bruch oder Verformung eines Kettengliedes
- Anrisse oder Korrosionsnarben in erheblichem Maße

Anschlag über scharfe Kanten. Folge: Knick in Kettengliedern.

Bei Seilen:

- Beschädigungen, starker Verschleiß oder Auflockerungen
- Knicke, Eindrückungen
- Drahtbruchnester
- über scharfe Kanten gezogene Seile
- Quetschungen

Ablegereifes Seil

Beschädigtes und ablegereifes Stahldrahtseil

Überlastetes Stahlseil durch Zug über eine scharfe Kante ➡ ablegereif!

Bei Hebebändern:

- Verformungen
- Beschädigungen der Ummantelung oder Nähte, Risse
- Verschmelzung der Fasern, z. B. durch starke Belastung am Kranhaken

Ganz wichtig ist in diesem Zusammenhang auch die Prüfung der Anschlagmittel einmal jährlich durch eine befähigte Person / einen Sachkundigen, um Schäden zu erkennen und diese Anschlagmittel dann aus dem Verkehr zu ziehen – und zwar endgültig, z. B. durch Zerschneiden eines Hebebandes oder Entsorgung in einer verschlossenen Tonne – nicht dass ein Kollege sagt: „Einmal geht noch!"

Nicht mehr einsetzbares Hebeband

Gefahren beim Anheben von Lasten

Beim Anheben von Lasten kann man viel falsch machen und setzt sich damit unnötigen Gefahren aus. Wichtig ist für den Kranführer zu wissen, dass bei Vorhaben wie Schrägzug, Losreißen oder Schleifen von Lasten der Lastmomentbegrenzer nicht wirksam wird. Der Kranführer denkt, dass ihn diese Sicherheitseinrichtung schützt, das tut sie in diesen Fällen aber nicht.

Schrägzug – Pendeln

Lasten sind **lotrecht** anzuheben. Ein Schrägzug entsteht, wenn sich das Ende des Auslegers beim Anheben nicht lotrecht über dem Schwerpunkt der Last befindet.

Übrigens ist lotrecht nicht immer das gleiche wie senkrecht. Ist eine Ebene

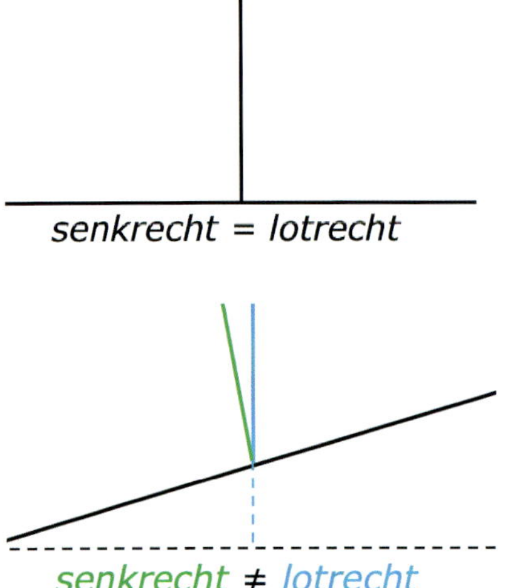

waagerecht, ist beides gleich, wie auf der ersten Abbildung zu sehen. Auf einer schrägen Ebene ist dies jedoch nicht so (zweite Abbildung).

Wird eine Last nicht lotrecht angehoben, beginnt sie sofort zu **pendeln**, da durch den Schrägzug die Lageenergie sofort in Bewegungsenergie umgewandelt wird.

Schrägziehen belastet alle Krankomponenten und das Fahrzeug zusätzlich, ebenso das Anschlagmittel, das im schlimmsten Fall reißen kann.

Der „normale" Ladekran ist nicht für den Schrägzug konstruiert.

Zusätzliche Gefahren können durch das Pendeln entstehen, z. B. können Personen im Umfeld des Fahrzeuges von der Last getroffen werden oder die Last kann abgleiten / abstürzen.

Auch kann Pendeln ein „Wandern" des Schwerpunktes zu den Kippkanten (→ Seite 28) bewirken, was die Standsicherheit beeinträchtigen könnte.

Immer darauf achten, dass eine Last lotrecht aufgenommen wird.

Ist es dennoch passiert, dass eine Last ins Pendeln geraten ist, ist Vorsicht geboten. Nicht an die Last herantreten, um das Pendeln mit den Händen zu beenden. Sie könnten dadurch umgestoßen oder eingeklemmt werden.

Deshalb gilt bei hängenden Lasten für den Kranführer, immer ausreichend **Abstand** zu ihr zu halten.

Man kann mit einer leichten Fahr- und Hubbewegung der pendelnden Last nachfahren, um so das Pendeln zu beenden.

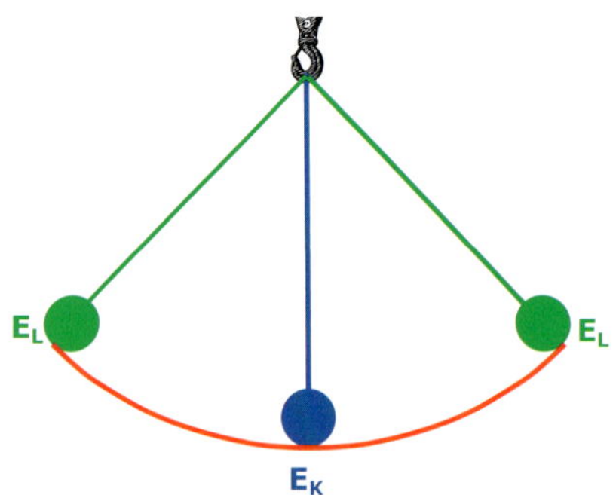

Pendelbewegung:
Die Lageenergie wird zur Bewegungsenergie (= kinetische Energie) und wieder zur Lageenergie usw.
E_L = Lageenergie
E_K = kinetische Energie = Bewegungsenergie

Einsatz einer Traverse ...

... und Einsatz einer Kreuztraverse

Ein nur leichtes Pendeln kann auch durch das behutsame Abstellen der Last gestoppt werden.

> **Achtung:**
> Weder Lastaufnahmemittel noch Last dürfen durch das Abstellen beschädigt werden.

Wenn nichts mehr hilft oder der Kranführer unsicher ist, was zu tun ist: Am besten die Last auspendeln lassen.

Neben dem Schrägziehen sollte auch das ruckartige Bewegen der Last vermieden werden, um Pendeln zu verhindern. Laustaufnahmemittel wie Traversen verhindern ein Pendeln weitestgehend.

Losreißen

Das Losreißen von festsitzenden Lasten ist extrem gefährlich.

Beispiel:
Auf einer Baustelle im Winter kommen Baustahlmatten zum Einsatz. Der Kranführer schlägt die Matten an und versucht sie anzuheben. Die Matten sind festgefroren, was er erst jetzt bemerkt. Er zieht trotzdem weiter hoch – schlagartig werden die Matten „frei".

Die hierbei entstehende Kraft kann schlimmstenfalls zum **Umsturz** des gesamten Fahrzeuges führen, da es diese Kraft nicht auffangen kann.

Auch wenn ein Umkippen verhindert wird, können durch diese Aktion **Schäden** an Fahrzeug, Anschlagmittel oder Kran entstehen.

Eine zusätzliche Gefahr kann bei solch einem Vorgehen auch durch ein mögliches **Reißen des Anschlagmittels** bestehen (Peitscheneffekt).

Ein Anziehen der Last durch den Ladekranführer, obwohl er weiß, dass die Matten festgefroren sind, wäre im Übrigen als grobe Fahrlässigkeit einzustufen (→ Seite 16).

Schleifen – Ziehen – Drücken

Auch ein Schleifen, Ziehen und Drücken von Lasten sollte mit Ladekranen nicht stattfinden, da es gefährlich und verboten ist.

Originalauszug aus einer Ladekran-Betriebsanleitung:
„Das Ziehen von Lasten ist verboten."

Dabei entstehen große horizontale Kräfte für die der Kran nicht gebaut ist. Anschlagmittel, die unter der Last liegen, werden beim Schleifen schnell beschädigt.

Der Lkw-Langholzladekran ist eine Ausnahme.

Autoabschleppkran: Auch mit ihm darf bestimmungsgemäß gezogen werden.

Sondereinsätze

Um Sondereinsätze sicher durchzuführen, sollten alle beteiligten Personen explizit dafür unterwiesen werden. Auch sollte der Unternehmer spezielle Gefährdungsbeurteilungen und Betriebsanweisungen dafür erstellen.

Befördern von Personen

Unter speziellen Voraussetzungen dürfen auch Personen mit Lkw-Ladekranen gehoben werden. Dabei müssen bestimmungsgemäß dafür konstruierte **Personenaufnahmemittel** wie ein Arbeitskorb eingesetzt werden (DGUV R 101-005).

Befinden sich Anschlagpunkte für ein **Rückhaltesystem** in der Arbeitsbühne, sind diese auch einzusetzen und ein

Personenkorbeinsatz mit einem Lkw-Ladekran

Im Korb gegen Absturz gesicherter Bediener.

Das klassisch für das Heben von Personen vorgesehene mobile Arbeitsmittel: eine Hubarbeitsbühne – hier eine Lkw-Hubarbeitsbühne.

Rückhaltesystem zu tragen. Es ist Ihre Sicherheit!

Ein anderer Transport, z. B. in einer Gitterbox, ist gefährlich und zudem verboten. Hebt der Kranführer einen Kollegen auf diese Weise und dieser fällt aus der Gitterbox und verletzt sich oder kommt sogar zu Tode, ist der Kranführer ausnahmslos in der **Verantwortung**.

Ein **Mitfahren von Personen** auf der Ladefläche, der Last oder Lastaufnahmeeinrichtungen ist verboten. Zudem dürfen angehobene Lasten oder Lastaufnahmemittel nicht betreten werden (zum Personentransport mit Kranen s. a. DGUV V 52 § 36).

Arbeiten nahe elektrischer Leitungen

Strom ist deshalb so gefährlich, weil wir ihn nicht sehen können. Fließt er durch den Körper, besteht **Lebensgefahr.**

Bei Arbeiten <u>an</u> elektrischen Leitungen ist es lebenswichtig, dass erst damit begonnen wird, wenn sichergestellt ist, dass die **Anlage abgeschaltet** ist.

Wird mit einem Ladekran <u>in der Nähe</u> elektrischer Leitungen gearbeitet, sind unbedingt **Mindestabstände** einzuhalten. Diese sind spannungsabhängig – s. Tabelle.

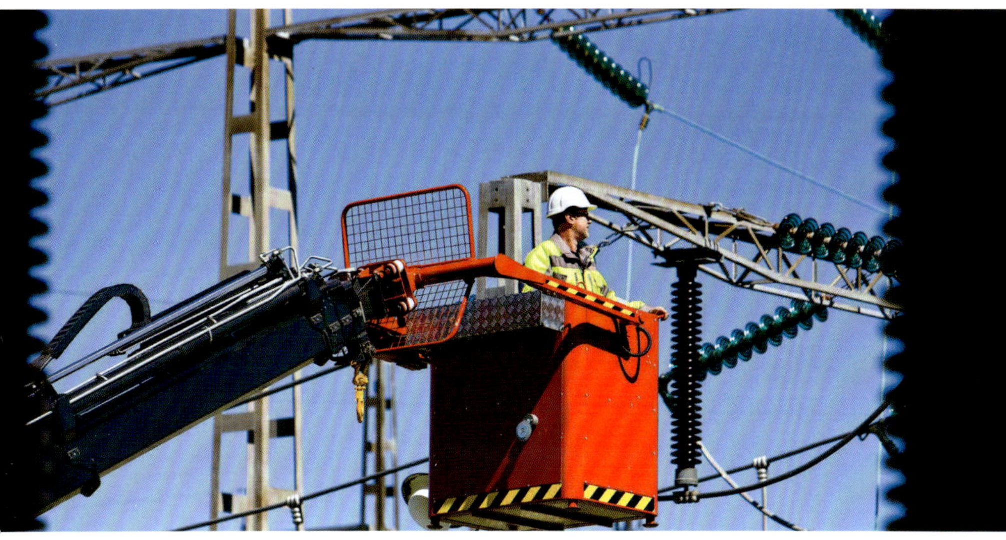

Arbeiten an elektrischen Anlagen sind ohne entsprechende Vorarbeiten lebensgefährlich.

Es empfiehlt sich immer auf Nummer sicher zu gehen, deshalb:

Wenn möglich, immer einen Abstand von 5 m einhalten.

Netzspannung und Sicherheitsabstand	
bis 1.000 V	1 m
über 1 kV bis 110 kV	3 m
über 110 kV bis 220 kV	4 m
über 220 kV bis 380 KV	5 m
unbekannt	5 m

Beim Sicherheitsabstand ist der gesamte Arbeitsbereich der Maschine zu beachten und nicht nur der Abstellbereich. Eine zusätzliche Karenz für unvorhergesehene Ereignisse wie Wind oder Pendeln muss ebenfalls einkalkuliert werden.

Ein ausreichender Abstand ist auch deshalb so wichtig, weil nicht nur das Berühren einer Stromleitung lebensgefährlich ist. Bei elektrischen Freileitungen kann es bereits bei Annäherung an die Leitung zu einem **Stromübertritt** kommen. Das ist dann genauso, als würde die Leitung berührt werden.

Lkw-Ladekran im Einsatz nahe einer Bahn-Oberleitung. Sicherheitsabstand ≥ 5 m wird eingehalten.

Steht ein Fahrzeug unter Strom, darf es **nicht berührt** werden, bis die Stromquelle abgeschaltet ist.

Steht eine Person unter Strom (z. B. der Kranführer, der das unter Strom stehende Fahrzeug berührt hat), darf eine andere sie **keinesfalls mit bloßen Händen berühren** (z. B. um die Person von der Stromquelle zu lösen und Erste Hilfe zu leisten). Sie gerät dann unweigerlich auch unter Strom.

Befindet sich der Ladekranbediener mit seiner Fernbedienung in der Nähe des Fahrzeuges, sollte er sofort die Beine schließen (keine Grätsch- oder Schrittstellung) und sich dann in kleinen Schritten (Fuß an Fuß) vom Fahrzeug entfernen. Denn um das Fahrzeug bildet sich ein **Spannungstrichter**, d. h. der Boden steht ebenfalls unter Strom. Wegen der **Schrittspannung** kann Strom durch den Körper fließen – je breiter man steht oder je größere Schritte man macht, desto größer ist die Gefahr des Durchfließens von Strom über das Herz.

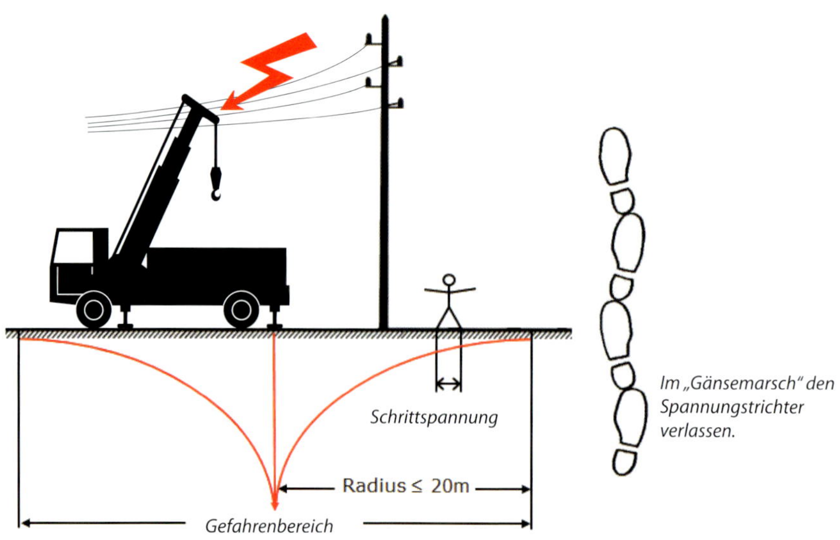

Spannungstrichter im Boden bei Stromübertritt

Arbeiten in der Nähe von Sendeanlagen

Eine Sendeanlage arbeitet mit elektromagnetischer Strahlung. Wird mit dem Ladekran in der Nähe solcher Anlagen gearbeitet, ist mit starken **elektromagnetischen Feldern** zu rechnen.

Die Strahlung ist je nach Sendeanlage unterschiedlich, was vom Antennentyp und der Sendeleistung der Antenne abhängt. **Je stärker die Leistung, desto mehr Strahlung.** Deshalb sind auch unterschiedliche **Sicherheitsabstände** zu diesen Anlagen einzuhalten. So betragen die Abstände bei Mobilfunkbasisstationen in der Waagerechten zwischen 2 und 8 m, bei Rundfunk- und TV-Sendern mit viel höherer Leistung **bis zu mehreren 100 m.**

Elektromagnetische Felder können für Menschen gefährlich sein. Sie können **Gefahren** (direkt oder indirekt) verursachen durch

Mobilfunksendeanlage auf einem Wohnhaus

Freistehende Sendeanlage

Arbeit an einer Sendeanlage mit einem Lkw-Ladekran und Personenkorb

- Funken- und Lichtbogenbildung,
- Verbrennungsgefahr an Gegenständen,
- Entzündungsgefahr,
- Erwärmung von menschlichen Organen, Herzschrittmachern, Prothesen etc.

So sind bei diesen Sondereinsätzen erhöhte **Arbeitsschutzmaßnahmen** nötig, wie z. B.

- Personen, die am Kran arbeiten, müssen Kunststoffhandschuhe ohne Metallverbindungen tragen.
- Ein Arbeiten mit nacktem Oberkörper ist wegen erhöhter Verbrennungsgefahr zu untersagen (ebenso mit kurzen Hosen).
- Metallschmuck kann am Körper durch Erwärmung zu Reaktionen wie Entzündungen oder Verbrennungen führen und ist deshalb vor Arbeitsbeginn zu entfernen.
- Auch metallisches Werkzeug kann sich in elektromagnetischen Bereichen erwärmen, ebenfalls größere Teile des Kranes (seine Träger oder Geländer). Stellen Sie Erwärmungen an metallischen Arbeitsmitteln fest, reagieren Sie nicht panisch. Handeln Sie so, wie Sie es tun würden, wenn andere Gegenstände (z. B. im Haushalt) heiß wären – legen Sie sie weg und lassen Sie sie zunächst abkühlen.

Ein Kraneinsatz in der Nähe von Sendeanlagen muss vorher genau geplant werden (durch den Vorgesetzten mit besonderer Gefährdungsbeurteilung).

Bei Arbeiten an Sendeanlagen gilt die gleiche Vorgabe wie bei Arbeiten an Stromleitungen:

Erst nach Abschaltung mit der Arbeit beginnen.

Abschleppen / Einsatz einer Bergewinde

Vor dem Abschleppvorgang ist darauf zu achten, dass das Abschleppfahrzeug **sicher abgestellt** ist, d. h. Hand- / Feststellbremse angezogen und gegen Fortrollen gesichert, z. B. durch Unterlegkeile.

Abschleppfahrzeug sicher auf waagerechtem Untergrund abgestellt und Abstützungen voll ausgefahren. Der Pkw wird mittels einer Traverse auf das Trägerfahrzeug gehoben.

Ist das Fahrzeug mit Abstützeinrichtungen ausgestattet, so sind diese auszufahren und zu arretieren. Ggf. – je nach Bodenbeschaffenheit – sind ausreichend große Unterlegplatten einzusetzen.

Häufig kommen bei Abschleppvorgängen Winden zum Einsatz, mit denen die Last / das Fahrzeug auf das Trägerfahrzeug gezogen wird.

Dabei ist zu beachten, dass die Last möglichst in **Längsrichtung** des Abschleppkranes gezogen wird.

Bergewinden sind mit einem Hubkraftbegrenzer, einer Rücklaufsicherung und einer Bremseinrichtung ausgestattet.

Abschleppkran mit Bergewinde

Trotzdem ist vor dem Ziehvorgang darauf zu achten, dass die Abschleppöse oder das Fahrzeugteil des zu bergenden Fahrzeuges, an dem das Zugseil befestigt wird, ausreichend stark ist, denn es können sehr große Zugkräfte entstehen, z. B. durch tiefen Naturboden, wenn das zu bergende Fahrzeug einen Hang heraufgezogen werden muss oder wenn es am Boden hängenbleibt, z. B. an Wurzeln oder Steinen.

Der Zugvorgang ist deshalb langsam und unter ständiger Beobachtung durchzuführen.

Der Kranführer hat sich außerhalb des Zieh- und Gefahrenbereiches aufzuhalten, das schließt auch den Fall eines Peitschenschlages ein, mit dem gerechnet werden muss, wenn das Zugseil plötzlich frei wird, wenn z. B. die Zugöse reißt.

Das geborgene Fahrzeug ist nach dem Ziehvorgang **ordnungsgemäß** auf dem Trägerfahrzeug zu **sichern**.

Heben von Langholz

Gewicht und Schwerpunkt von Langholz können selten exakt bestimmt werden. Je nach Holzart, Zustand (z. B. feucht / trocken) und Form (unterschiedliche Durchmesser) variieren Gewicht und Schwerpunktlage.

Das Heben von Langholz stellt deshalb einen Sonderfall dar, weshalb **spezielle**

Lastaufnahmemittel Greifer für Langholz – ohne zusätzlichen Anschläger

Der Kranführer befindet sich durch seinen Steuerstand außerhalb des Gefahrenbereiches.

Krane zum Einsatz kommen, die für diese Hebevorgänge konstruiert sind. Sie besitzen anstatt eines Lastmomentbegrenzers **Druckbegrenzungsventile** in den einzelnen Hydraulikkreisläufen. Wenn das kritische Lastmoment erreicht ist, sprechen diese Ventile an und bewirken ein Absenken des Auslegers samt Stamm.

Deshalb dürfen sich besonders bei diesen Arbeiten **im Gefahrenbereich keine Personen** aufhalten.

Konstruktionsbedingt sind diese Krane nicht zum Heben von Stückgut und zur Personenbeförderung geeignet. Sie dürfen auch nicht eingesetzt werden, wo Lasten sicher gehalten werden müssen.

Wir finden bei diesen Kranen auch keine zusätzlichen Anschläger. Es kommen nur Lastaufnahmemittel (Greifer) zum Einsatz, die ein Anschlagen der Last ohne Anschläger vorsehen.

Nach dem Kraneinsatz

Kran in **Transportstellung** bringen und sichern.

> **Achtung:**
> Quetschgefahr, deshalb kein Aufenthalt im Bereich des sich schwenkenden und absenkenden Kranarmes (z. B. bei Funkfernbedienung).

Beim Ablegen des Auslegers auf der Ladung oder Ladefläche verhindern, dass er sich unbeabsichtigt bewegen kann, z. B. durch Sicherung mittels Zurrgurten.

Abstützungen immer vollständig einfahren.

Bei automatischem Einfahren der Abstützzylinder diese immer im Blickfeld behalten.

Abstützausleger verriegeln und vor Fahrtantritt nochmals kontrollieren. Ansonsten können sich diese lösen (z. B. in Kurvenfahrten) und Gegenstände beschädigen oder Personen verletzen.

Bei der Beladung des Trägerfahrzeuges darauf achten, dass die Tragfähigkeit des Fahrzeuges nicht überschritten wird und die Verteilung der Ladung dem Lastverteilungsdiagramm entspricht.

Langholzladekran ordnungsgemäß „zusammengefaltet" – Abstützungen voll eingezogen.

Kran in Transportstellung zum Verfahren des Fahrzeuges

Die **Ladung** vor Fahrtantritt ordnungsgemäß **sichern** (→ Seite 82) und kontrollieren, dass nichts lose auf dem Fahrzeug liegt oder über das Fahrzeug herausragt. Einzelne Kranbauteile oder andere Zusatzgeräte dürfen nicht in den Fahrweg und über die Fahrzeugbreite herausragen.

Prüfen, ob die Abmaße des Fahrzeuges (Höhe, Breite, Gewicht) den Transportweg „schaffen" (z. B. Brückenunter- oder -überfahrten, Tunnel).

Bevor sich das Fahrzeug in Bewegung setzt, sind demnach einige Punkte zu beachten:

- Kran in Transportstellung bringen und sichern.
- Abstützungen vollständig einfahren und sichern.
- Ist das zulässige **Gesamtgewicht** des Fahrzeuges eingehalten – also Eigengewicht des Fahrzeuges samt Kran + Lastgewicht?
- Wurde das **Lastverteilungsdiagramm** (falls vorhanden) eingehalten?
- Steht die Ladung nach hinten oder zu den Seiten über die Ladefläche hinaus?
- Ist die Last ausreichend gegen Umfallen und Verrutschen gesichert?

Da muss alles durch – deshalb muss der Fahrzeugführer die Abmessungen seines Fahrzeuges samt Kran kennen.

Ladungssicherung

Der Lkw-Ladekranführer ist nicht nur für das sichere Fahren mit dem Transportfahrzeug und die vorschriftsmäßige Bedienung des Kranes verantwortlich, sondern auch für die **Ladung**, die er auf dem Fahrzeug bewegt. Von ihr darf **keine Gefahr** ausgehen. Sie darf sich auf der Ladefläche nicht bewegen und muss deshalb gesichert werden.

Das betrifft übrigens auch den Fall, dass der Fahrzeugführer das Fahrzeug mit dem Lkw-Ladekran nicht selbst beladen hat. Sobald er sich mit dem Fahrzeug in Bewegung setzt, ist er nach § 23 StVO auch für die ordnungsgemäße Ladung verantwortlich.

Beim Bremsen, Beschleunigen und bei Kurvenfahrt wirken Trägheits- und Fliehkrafte auf die Ladung (→ Seite 23). Diese Kräfte müssen durch die Ladungssicherung aufgefangen werden, damit die Ladung nicht verrutscht.

Wichtig dabei ist zunächst immer eine möglichst große Reibung zwischen Ladung und Ladefläche (→ Seite 24).

Ein Rat: Vor dem Laden auf eine saubere Ladefläche achten (z. B. durch Kehren). Befinden sich auf dieser bereits Verschmutzungen wie Öl, Sand oder Steine, ist das sehr gefährlich, da die Reibung dadurch verringert wird.

Eine saubere Ladefläche ist Grundvoraussetzung für eine gute Ladungssicherung.

Es gibt unterschiedliche Ladungssicherungsmethoden und Sicherungsmittel.

Ladungssicherungsmethoden sind z. B.

- Niederzurren
- Direktzurren / Diagonalzurren
- Formschluss

Ladungssicherungsmittel sind z. B.

- Antirutschmatten
- Zurrgurte
- Zurrketten

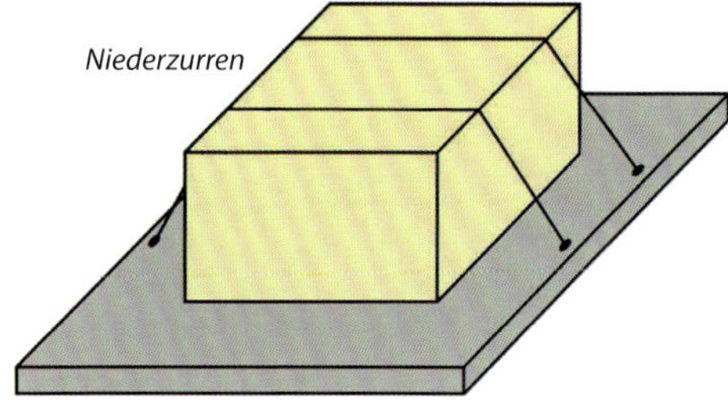

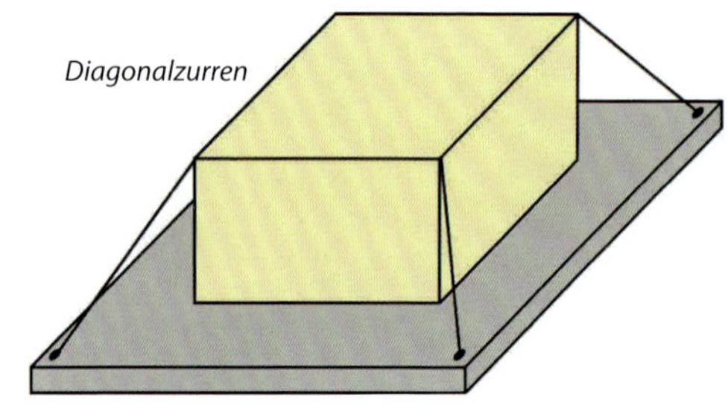

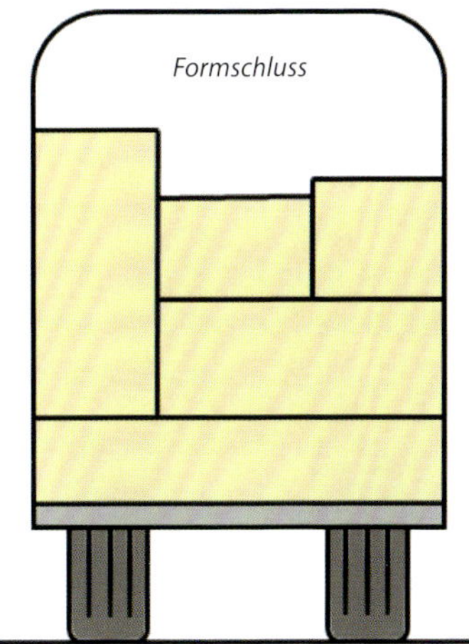

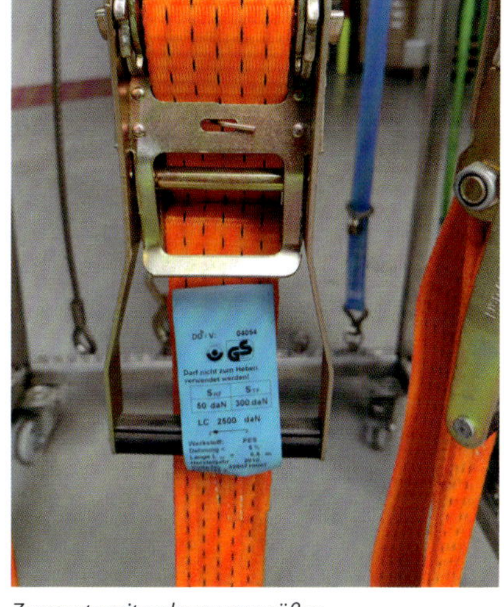

Zurrgurte mit ordnungsgemäßer Kennzeichnung

Achtung:
Anschlagmittel sind meist nicht als Ladungssicherungsmittel geeignet und umgekehrt. Auf Sätze wie „Ausschließlich zum Heben geeignet" auf Etiketten oder in der Betriebsanleitung achten.

Achtung:
Auch schwere Lasten müssen gesichert werden. Bei Fahrmanövern verrutschen schwere Lasten genau so schnell wie leichte (→ Seite 26). Aber sie richten bei einem Unfall viel größeren Schaden an.

Hinweis: Legt der Lkw-Ladekran eine größere Fahrtstrecke zurück, ist dem Fahrer zuzumuten (z. B. in einer Pause) sich zu vergewissern, ob die Ladung noch einwandfrei gesichert ist.

Belastungsangaben an einer Zurrkette. Hier ist zudem vermerkt: „Darf nicht zum Heben verwendet werden."

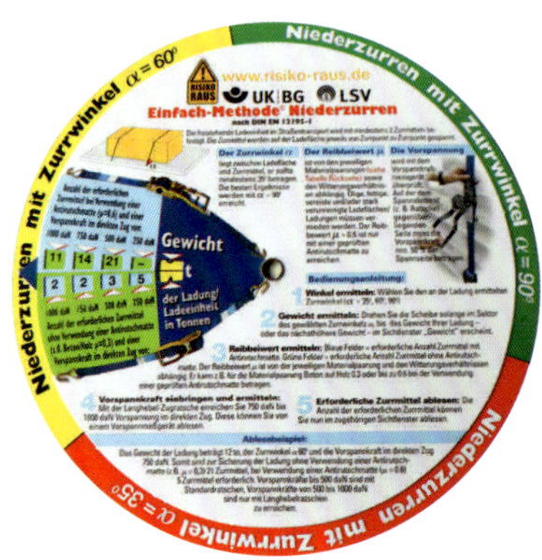

Hilfsmittel (von Herstellern oder der DGUV) erleichtern die Arbeit.

Achtung:
Herstellervorgaben in der Betriebsanleitung und auf dem Etikett beachten.

Zurrmittel sind vor jeder Benutzung zu kontrollieren. Auch sie unterliegen – wie der Kran – einer Pflicht der regelmäßigen Prüfung durch einen Sachkundigen / eine befähigte Person (VDI 2700 Blatt 3.1, DIN EN 12195 und Betriebsanleitungen der Hersteller).

Säcke mit Schüttgut mit Stretchfolie zu großen Ladeeinheiten verbunden – eine gute Lösung.

Achtung:
Bei Ladungssicherungsverstößen drohen Bußgeld und sogar „Punkte".

Manche Lasten eignen sich nicht für bestimmte Sicherungen, z. B. Schüttgut in Säcken in Verbindung mit Niederzurren. Die Gefahr, dass ein Sack aufreißt / -platzt und die ganze Ladung verrutscht, ist groß.

Wie auch bei Anschlagmitteln ist bei Zurrmitteln (v. a. Zurrgurten) darauf zu achten, dass sie nicht über **scharfe Kanten** oder raue Oberflächen gezogen werden. Um dies zu vermeiden, sind Kantenschoner zu verwenden (→ Seite 60).

Der Ladekran im öffentlichen Verkehrsraum

Unter öffentlichem Verkehrsraum versteht man alle **Straßen, Wege und Plätze**, die **für die Öffentlichkeit** bestimmt sind oder tatsächlich – gewollt oder geduldet – von Jedermann benutzt werden. Das kann also auch ein öffentlich zugängliches Betriebsgelände sein.

Selbstverständlich muss der Fahrzeugführer im Besitz eines gültigen **Führerscheines** (nach der Fahrerlaubnisverordnung) sein, wenn er im öffentlichen Verkehrsraum fährt, also in der Regel den C-Führerschein für Fahrzeuge ab 3,5 t Gesamtmasse.

Achtung:
Der für den öffentlichen Straßenverkehr notwendige Führerschein ersetzt nicht den Befähigungsnachweis / **Fahrausweis**, mit dem der Kranführer seine Qualifizierung als ausgebildeter Kranführer nachweist.

Beides ist daher erforderlich. Ebenfalls der schriftliche **Fahrauftrag**.

Fahren im öffentlichen Straßenverkehr mit einem Lkw-Ladekran:

Fahrausweis
+ Fahrauftrag
+ Führerschein

Ohne gültigen Führerschein hat der Kollege mit diesem Fahrzeug samt Ladekran im öffentlichen Verkehrsraum nichts verloren.

Kran in Transportstellung – Stützen eingefahren und gesichert.

Für diesen Transport muss die Fahrstrecke, z. B. Kurven, ausreichend dimensioniert sein. Das ist vor der Fahrt zu ermitteln.

Prüfen Sie, ob die zulässigen Breiten und Höhen nach der StVZO für das Fahrzeug und die Ladung eingehalten sind – sonst darf ggf. gar nicht gefahren werden oder nur mit vorher einzuholender Ausnahmegenehmigung.

Instandhaltung

Instandhaltung wie

- Pflege
- Wartung
- Prüfung
- Instandsetzung

dient nicht nur der Werterhaltung der Krane und Lastaufnahmeeinrichtungen, sondern auch der Sicherheit.

Instandhaltungsarbeiten dürfen nicht von jedem Kranführer ausgeführt werden. Ohne speziellen Auftrag dürfen Sie diese nicht ausführen. Wer befähigt ist und diese Aufgaben ausführen darf, bestimmt der Unternehmer / Verantwortliche – auch welche „kleinen" Arbeiten der Kranführer selbst ausführen darf und welche einem Spezialisten vorbehalten bleiben. Im Zweifel lieber nachfragen.

Bestimmte Arbeiten, z. B. an elektrischen Anlagen dürfen zudem ohnehin nur von einer Elektrofachkraft ausgeführt werden (s. DGUV V 3).

Regelmäßige Prüfungen

Der Kran und die Lastaufnahmeeinrichtungen sind **mindestens einmal pro Jahr** von einer befähigten Person / einem Sachkundigen zu prüfen. Das muss der Vorgesetzte veranlassen und die Mängelbeseitigung anhand des Prüfbuches kontrollieren.

Die jährliche Prüfung ist auf einen Ein-Schicht-„Normal"-Betrieb ausgelegt. Aufgrund einer Gefährdungsbeurteilung können sich die Prüffristen verkürzen. Das kann bei Mehrschichteinsatz erfolgen oder bei Betrieb in aggressiver Atmosphäre (bspw. Hitze oder Kälte). Auch der Hersteller kann kürzere Prüffristen vorgeben (s. Betriebsanleitung). **Die Herstellervorgaben sind bindend – soweit sie kürzere Prüfintervalle vorsehen!**

Die regelmäßige (jährliche) Prüfung des Kranes und seiner Lastaufnahmeeinrichtungen darf nur von einer zur Prüfung **befähigten Person / einem Sachkundigen** vorgenommen werden. Diese / r muss 3 Voraussetzungen erfüllen (BetrSichV § 2):

1. abgeschlossene Berufsausbildung,
2. ausreichende Berufserfahrung im Umgang mit Kranen und Lastaufnahmeeinrichtungen und
3. zeitnahe berufliche Tätigkeit

Übrigens ist auch das Trägerfahrzeug / der Lkw jährlich durch einen Sachkundigen / eine befähigte Person zu prüfen (DGUV V 70 § 57), wobei die TÜV-Prüfung in dem Jahr der Prüfung die des Sachkundigen ersetzt.

Neben den Prüfungen durch befähigte Personen, müssen Ladekrane auch in bestimmten Abständen durch einen Prüfsachverständigen geprüft werden

(BetrSichV Anhang 3 Abschnitt 1 Tabelle 1):

- Lkw-Anbaukrane mindestens alle 4 Jahre (DGUV V 52 § 26)
- Lkw-Ladekrane mit mehr als 300 kNm Lastmoment oder mit mehr als 15 m Auslegerlänge mindestens alle 4 Jahre und zusätzlich im 13. Betriebsjahr und danach mindestens jährlich

Die Sachverständigenprüfung ersetzt für dieses Jahr die Prüfung durch eine befähigte Person.

Achtung:

Die TÜV-Prüfung des Trägerfahrzeuges ersetzt nicht die Prüfung des Kranes. Dieser muss zusätzlich zum Fahrzeug immer nach den oben genannten Voraussetzungen und Fristen geprüft werden.

Weist der Kran erhebliche sicherheitstechnische Mängel auf, darf er nicht betrieben werden. Ein Weiterbetrieb darf erst dann erfolgen, wenn die Mängel behoben und evtl. erforderliche Nachprüfungen durchgeführt wurden.

Dokumentation

Es ist ein **Prüfbuch** zu führen (DGUV V 52 § 27), das alle Prüfberichte enthält. Dieses ist aufzubewahren und kann auf Verlangen vom technischen Aufsichtsbeamten der DGUV eingesehen werden. Eine Kopie des letzten Prüfberichtes ist bei ortsveränderlichen Kranen (also auch bei Lkw-, Lade- und Anbaukranen) beim Kran aufzubewahren.

Der Prüfinhalt und seine Dokumentation ist in dem DGUV Grundsatz 309-001 Anhang 2 aufgeführt.

Achtung:

Im Unterschied zu anderen mobilen Arbeitsmitteln wie Flurförderzeugen, Hubarbeitsbühnen oder Erdbaumaschinen sind Prüfaufzeichnungen wie z. B. das Prüfbuch „über die gesamte Verwendungsdauer" des Kranes aufzubewahren (BetrSichV Anhang 3 Abschnitt 1 Punkt 3.3)!

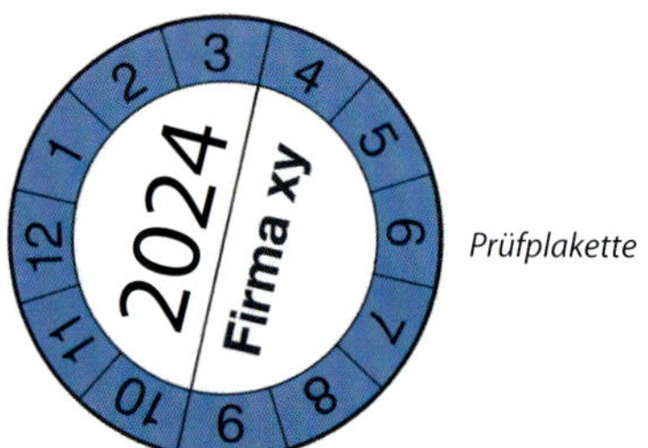

Prüfplakette

Eine **Prüfplakette** ersetzt nicht das Prüfbuch! Sie besagt nur, dass der Kran und / oder die Lastaufnahmeeinrichtung geprüft wurde(n) und wann der nächste Prüftermin ist – jedoch nichts über die Mangelfreiheit des Kranes. Dafür ist allein das Prüfbuch ausschlaggebend.

Übungsfragen zur Prüfungsvorbereitung

Als Ladekranführer müssen Sie eine Prüfung in Theorie und Praxis bestanden haben. Zur Prüfungsvorbereitung haben wir Ihnen nachfolgend einige Übungsfragen zusammengestellt.

Kreuzen Sie die Antworten an, von denen Sie ausgehen, dass sie richtig sind. Es können mehrere Antworten pro Frage richtig sein.

Ob Sie die Prüfung bestanden hätten, sehen Sie auf Seite 92.

Bitte „schummeln" Sie nicht, indem Sie bei der Beantwortung der Fragen schon in die Lösungen schauen. Damit schaden Sie nur sich selbst und täuschen eine trügerische Sicherheit vor, den Stoff zu beherrschen. Lösen Sie erst den gesamten Test und schauen Sie dann in die Lösungen.

Wir wünschen Ihnen viel Erfolg beim Übungstest!

1. Welche Voraussetzungen muss ein Ladekranführer erfüllen, wenn er selbständig einen Ladekran bedienen will?

A Mindestens 18 Jahre alt.

B Körperlich, geistig und charakterlich geeignet.

C Theoretische und praktische Ausbildung.

2. Wie nennt man das Dokument, in dem der Unternehmer für seinen Betrieb den Umgang und den Einsatz von Ladekranen regelt?

A Betriebsanleitung

B Betriebsanweisung

C Arbeitsvertrag

3. Was versteht man unter der bestimmungsgemäßen Verwendung eines Ladekranes?

A Das, was der Hersteller in der Betriebsanleitung vorgibt.

B Das, was der Ladekranführer mit dem Kran machen kann.

C Das, was der Unternehmer erlaubt.

4. Nennen Sie die 3 wichtigsten PSA für Ladekranführer:

____

5. Was bewirkt ein Not-Aus-Schalter, wenn er gedrückt wird?

A Dass der Kran bei einer Gefahrensituation sofort zum Stillstand gebracht wird.

B Er schaltet die Energiezufuhr des Kranes ab.

C Nach seiner Betätigung darf keine Kranbewegung mehr möglich sein.

6. Welcher Satz stimmt bei Arbeiten mit einem Ladekran?

A Je weiter der Ausleger ausgefahren ist, desto größer ist die Tragfähigkeit.

B Je weiter der Ausleger ausgefahren ist, desto kleiner ist die Tragfähigkeit.

7. Wann ist ein Ladekran nicht mehr standsicher?

A Wenn der Lastschwerpunkt außerhalb der Kippkanten liegt.

B Wenn sich der Gesamtschwerpunkt außerhalb der Kippkanten befindet.

C Wenn der Fahrzeugschwerpunkt außerhalb der Kippkanten liegt.

8. Was ist bei der täglichen Einsatzprüfung zu checken?

A Sicherheitseinrichtungen wie Not-Aus-Schalter.

B Abstützungen.

C Lastaufnahmeeinrichtungen wie Hubseil, Kranhaken.

9. Wann sinkt eine Stütze im Boden ein?

A Wenn die zulässige Bodenpressung weniger als 30 N/cm^2 beträgt.

B Wenn der Stützdruck von oben größer wird als der Druck, den der Boden aushält.

C Wenn die Größe der Unterlegplatten auf weichem Boden zu klein ist.

10. Was machen Sie als Kranführer, wenn eine Person vor hat, unter eine schwebende Last zu treten?

A Ich schwenke über die Person hinweg, da sie selbst dafür verantwortlich ist, wo sie steht.

B Ich fordere die Person auf, möglichst schnell unter der Last durchzugehen.

C Ich warne die Person und stoppe die Arbeit.

11. Bis zu welchem Neigungswinkel dürfen Lasten maximal angeschlagen werden?

A 45°

B 55°

C 60°

12. Darf mit einem Ladekran eine Person in einer Gitterbox gehoben werden?

A Ja, denn das ist ein Personenaufnahmemittel.

B Mit einem Ladekran dürfen nie Personen gehoben werden.

C Nein, nur mit speziell dafür vorgesehenen Vorrichtungen, z. B. mit einem Personenkorb.

D Ja, wenn es der Chef gestattet, denn er trägt dann auch die Verantwortung.

13. Was darf im Gegensatz zu einem „normalen" Ladekran mit einem Langholzladekran gemacht werden?

A Schrägzug von Lasten.

B Personentransport.

C Über Personen schwenken.

14. Worauf muss der Ladekranführer bei seiner Arbeit achten?

A Dass das Fahrzeug ausreichend gesichert ist, z. B. durch Unterlegkeile.

B Dass das Fahrzeug vollständig freigehoben ist, d. h. alle Räder weg vom Boden.

C Dass die Last sicher angeschlagen ist.

D Solange Last am Haken ist, darf der Ladekranführer seinen Steuerstand nicht verlassen.

15. Was ist vor Fahrtantritt vom Fahrzeugführer vorzunehmen?

A Kran in Transportstellung bringen und sichern.

B Ladung sichern und kontrollieren.

C Prüfen, dass keine Last- oder Zubehörteile in den Fahrweg oder über die Fahrzeugbreite hinausragen.

D Abstützungen vollständig einfahren und verriegeln.

Lösungen und Auswertung

Sicherlich sind Sie schon gespannt, wie Sie bei der theoretischen Prüfung abgeschnitten hätten. **Hier sind die Lösungen:**

1: A, B, C   2: B   3: A
4: Sicherheitsschuhe, Schutzhelm, Schutzhandschuhe
5: A, B, C   6: B   7: B   8: A, B, C   9: B, C
10: C   11: C   12: C   13: A   14: A, C, D   15: A, B, C, D

Wie viele der 15 Fragen haben Sie richtig beantwortet?

0 - 3 richtige Fragen:	Leider wären Sie durchgefallen. Lernen Sie noch motivierter weiter, um sicherer zu werden. Sprechen Sie Ihren Ausbilder an, wenn Sie Fragen haben und lernen Sie mit dieser Broschüre weiter. Nur Mut, Sie schaffen es.
4 - 8 richtige Fragen:	Leider wären Sie noch durchgefallen. Lassen Sie sich nicht entmutigen, Sie sind auf dem richtigen Weg. Lernen Sie weiter, es dient auch Ihrer eigenen Sicherheit.
9 - 12 richtige Fragen:	Sie hätten bestanden. Sie haben jedoch noch einige Fehler gemacht. Lesen Sie in der Broschüre die Kapitel nach, die die Fehler betreffen, die Sie noch gemacht haben, und lassen Sie sich ggf. von Ihrem Ausbilder weiter dabei helfen.
13 - 14 richtige Fragen:	Sie hätten bestanden. Sie haben es schon richtig gut gemacht.
15 richtige Fragen: ✔	Sie hätten mit voller Punktzahl bestanden. Das entspricht dem Wissen eines Profis. Doch seien Sie sich beim Einsatz nie zu sicher, stets zahlen sich auch Vorsicht und Umsicht aus.

Bildnachweis:

Resch-Verlag: Seiten 6 oben, 9 oben, 11, 12 oben, 14, 35 und 36 rechts

Der Verlag dankt folgenden Firmen / Personen für die freundliche Bereitstellung des Bildmaterials (in alphabetischer Reihenfolge):

FASSI Ladekrane GmbH, D-63584 Gründau: Seiten 6 links, 13 oben, 17, 26, 29 oben, 31 rechts, 33 links, 37 links, 47 unten, 51 unten, 62 links, 64 oben, 65 oben, 77, 81 und 84
HIAB Germany GmbH, D-22869 Schenefeld: Seiten 7 unten, 13 unten, 18 oben, 19 unten, 20, 29 unten, 30, 31 links, 33 rechts oben, 34 oben, 44, 48 unten, 49, 50, 51 oben, 52, 53, 55, 61 oben, 63, 64 unten, 69 unten, 71, 73, 76, 80 links und 86 unten
HMF Ladekrane und Hydraulik GmbH, D-74321 Bietigheim-Bissingen: Seiten 10, 43, 59 unten und 85
Hyva Germany GmbH, D-41199 Mönchengladbach: Seiten 6 rechts, 21, 22 rechts, 36, 37 rechts, 58 links, und 80 rechts
MKG Maschinen- und Kranbau GmbH, D-49681 Garrel: Seiten 7 oben, 18 unten, 46, 69 oben und 70 rechts
PALFINGER AG, A-5101 Bergheim: Seite 62 rechts
PALFINGER GmbH, D-83404 Ainring: Seiten 2, 19 oben, 34 unten, 39, 56, 58 rechts, 59 links, 70 links und 86 oben
RUD Ketten Rieger & Dietz GmbH & Co. KG, D-73432 Aalen: Seite 61 rechts
Schlang & Reichart Spezialmaschinen GmbH, D-87675 Rettenbach: Seiten 42, 48 oben, 78 und 79
SpanSet GmbH & Co. KG, D-52531 Übach-Palenberg: Seite 60
Tischendorf, Markus: Zeichnungen auf den Seiten 82 und 83

Die Autoren danken in gleicher Weise:
Riga Mainz GmbH & Co. KG, D-55120 Mainz: Seite 41 rechts

Alle weiteren Fotos / Abbildungen von den Verfassern.